E. Bompiani (Ed.)

Analisi Funzionale

Lectures given at the
Centro Internazionale Matematico Estivo (C.I.M.E.),
held in Varenna (Como), Italy,
June 9-18 , 1954

Springer

FONDAZIONE
CIME
ROBERTO CONTI

C.I.M.E. Foundation
c/o Dipartimento di Matematica "U. Dini"
Viale Morgagni n. 67/a
50134 Firenze
Italy
cime@math.unifi.it

ISBN 978-3-642-10879-2 e-ISBN: 978-3-642-10880-8
DOI:10.1007/978-3-642-10880-8
Springer Heidelberg Dordrecht London New York

Reprint of the 1st ed. C.I.M.E., Florence, 1954
With kind permission of C.I.M.E.

Printed on acid-free paper

Springer.com

CENTRO INTERNATIONALE MATEMATICO ESTIVO
(C.I.M.E)

Reprint of the 1st ed.-Varenna, Italy, June 9-18, 1954

ANALISI FUNZIONALE

- QUESTIONI DI ANALISI - FUNZIONALE

Lezioni tenute dal Prof. Luigi Amerio e raccolte dal Dr. Guido Bortone.

Roma - Istituto Matematico - 1954

Luigi Amerio

I N D I C E

Introduzione. Questo corso si compone di quattro parti. La prima è dedicata ai funzionali ed alle trasformazioni lineari nello spazio hilbertiano L^2, la ~~teoria del~~ quale viene anche brevemente svolta. In particolare si dimostrano i teoremi di Fischer.- Riesz, di Frechet-Riesz, e di Hahn; successivamente si studiano le trasformazioni completamente continue nel senso di Riesz, e tra queste le trasformazioni integrali.

Nella seconda parte è contenuta essenzialmente la teoria di Riesz dell'equasione integrale di Fredholm, nella quale le precedenti nozioni hanno trovato una applicazione veramente luminosa. L'esposizione, salvo alcune variazioni, segue, almeno fino al teorema dell'alternativa, la fondamentale memoria di Riesz, così come è esposta nel trattato di Riesz-Nagy di recente pubblicazione F. Riesz et B. Sz.- Nagy, Leçons d'Analyse Fonctionnelle; Academie de Sciences de Hongrie, 1952 .

Nella terza parte si trova l'elegante applicazione del teorema di Hahn alla risoluzione del problema di Dirichelet, che è dovuta a Miranda, e che è stata successivamente ripresa da altri Autori.

Mentre le prime tre parti si rivolgono essenzialmente a questioni concernenti le funzioni di variabile reale, nell'ultima, anch'essa dedicata al problema di Dirichelet, questo problema viene affrontato dal punto di vista delle funzioni analitiche, esponendo risultati dovuti al Fantappié ed all'Autore.

Presisamente si deduce la soluzione del problema di Dirichelet (che è un problema in grande, posto nel campo reale) da quella del problema di Cauchy (che è un problema in piccolo, posto nel campo analitico), eliminando le singolarità della soluzione di quest'ultimo mediante una conveniente scelta della derivata normale.

FUNZIONALI E TRASFORMAZIONI LINEARI NELLO SPAZIO HILBERTIANO.

1.- Lo spazio funzionale hilbertiano, o spazio L^2, che è profondamente analogo agli ordinari spazi vettoriali complessi ad un numero finito di dimensioni, si ottiene introducendo una opportuna metrica nella classe delle funzioni reali o complesse $f(x)$, definite in un assegnato intervallo $a \longmapsto b$, eventualmente infinito(°), misurabili e con modulo $|f(x)|$ a quadrato ivi integrabile. Questa metrica, che generalizza la metrica di uno spazio euclideo riferito a coordinate cartesiane ortogonali, costituisce il punto centrale dell'analogia cui si è accennato.

Def.- Prodotto scalare di due punti $f, g \in L^2$ è il numero

$$(f,g) = \int_a^b f(x)\,\overline{g(x)}\,dx \tag{1}$$

ove $\overline{g(x)}$ indica il coniugato di $g(x)$.

L'integrale (1) esiste finito perchè per la disuguaglianza di Schwarz si ha

$$\left|\int_a^b f(x)\,\overline{g(x)}\,dx\right| \leq \int_a^b |f(x)\,\overline{g(x)}|\,dx \leq \left\{\int_a^b |f(x)|^2\,dx \int_a^b |g(x)|^2\,dx\right\}^{\frac{1}{2}}$$

Def. - Norma di $f \in L^2$ è il numero

$$\|f\| = \sqrt{(f,f)} \tag{2}$$

(°) Più in generale, si può considerare un insieme E di misura finita od infinita.

Il prodotto scalare (f,g) gode delle seguenti proprietà:

a) $|(f,g)| \leq \|f\| \|g\|$,

b) $(\lambda f, g) = \lambda (f,g)$,

c) $(b, \lambda g) = \bar{\lambda}(f,g)$,

d) $(g,f) = \overline{(f,g)}$

Le proprietà b), c), d) sono immediate conseguenze della definizione, la proprietà a) non è altro che la disuguaglianza di Schwarz.

<u>Def.</u> - <u>Distanza di due punti</u> f,g $\in L^2$ <u>è la norma</u>

(3) $$\|f-g\| = \left\{ \int_a^b |f(x) - g(x)|^2 dx \right\}^{\frac{1}{2}}$$

<u>della loro differenza.</u>

La distanza gode delle seguenti proprietà, che sono immediate conseguenze della (3):

a) $\|f-g\| \geq 0$

b) $\|f-g\| = \|g-f\|$

c) $\|f-g\| \leq \|f-h\| + \|g-h\|$

Si osservi che $\|f-g\| = 0$ se e solo se f e g differiscono in un insieme di misura nulla.

<u>In questo caso, e solo in questo caso, le due funzioni devono essere riguardate come un solo punto di L^2, e come tali ivi non distinguibili l'una dall'altra.</u>

2.- <u>Convergenza in media, o convergenza forte.</u> <u>Diremo che una successione</u> $\{f_n\}$ <u>di funzioni di L^2 converge in media ad una funzione</u> $f \in L^2$, <u>se risulta</u>

(4) $$\lim_{n \to \infty} \|f_n - f\| = 0$$

Questo tipo di convergenza si indicherà con la notazione

$$f_n \longrightarrow f$$

E' di notevole importanza il fatto che per la convergenza in media nello spazio L^2 vale il criterio di Cauchy, come è provato dal fondamentale teorema di Fischer-Riesz.(*) Condizione necessaria e sufficiente affinchè $f_n \longrightarrow f$, è che sia

$$\lim_{m,n\to\infty} \| f_m - f_n \| = 0 \tag{5}$$

La condizione è necessaria. Infatti la (5) segue dalla (4) dovendo essere, per ogni m ed n,

$$\| f_m - f_n \| \leq \| f_m - f \| + \| f_n - f \|$$

La condizione è sufficiente. La dimostrazione di ciò si può dedurre dal teorema di Beppo Levi nell'integrazione per serie(**). Ammessa la condizione (5), è possibile scegliere gli indici $m_1 < m_2 < \ldots m_k < \cdots$ in modo che per ogni $n \geq m_k$ sia

$$\| f_n - f_{m_k} \| \leq 2^{-k} \tag{6}$$

D'altra parte, per la disuguaglianza di Schwarz si ha

$$\int_a^b | f_{m_{k+1}}(x) - f_{m_k}(x) | \, dx \leq \sqrt{b-a} \, \| f_{m_{k+1}} - f_{m_k} \| \leq \sqrt{b-a}\, 2^{-k} \tag{7}$$

(*) Comptes Rendus, tome 144, 1907.

(**) Una serie di funzioni non negative $\sum_{0}^{\infty} \varphi_n(x)$, converge quasi ovunque ad una funzione sommabile $\varphi(x)$ se è convergente la serie $\sum_{0}^{\infty} \int_a^b \varphi_n(x)\,dx$. E' inoltre $\sum_{0}^{\infty} \int_a^b \varphi_n(x)\,dx = \int_a^b \varphi(x)\,dx$

(Se l'intervallo $a \vdash\!\!\dashv b$ è infinito, lo si sostituisce con un generico intervallo finito in esso contenuto).

La (7) mostra che la serie

$$\sum_{0}^{\infty}{}_{k} \int_a^b |f_{m_{k+1}} - f_{m_k}| \, dx$$

è convergente ; di conseguenza converge quasi ovunque la serie

$$\sum_{0}^{\infty}{}_{k} (f_{m_{k+1}} - f_{m_k})$$

e quindi la successione $\{f_{m_k}\}$ converge quasi ovunque ad una funzione f.

Essendo poi

$$\| f_{m_k} \| \leq \| f_{m_1} \| + \| f_{m_k} - f_{m_1} \| < \| f_{m_1} \| + \frac{1}{2}$$

gli integrali

$$\int_a^b |f_{m_k}|^2 \, dx$$

sono equiliminati, cioè, per note proprietà dell'integrale di Lebesgue, $f \in L^2$.

Infine, deve essere

(8) $$\| f - f_n \| \leq \| f - f_{m_k} \| + \| f_n - f_{m_k} \|$$

e la (6), facendo divergere n sulla successione $\{m_k\}$ porge

(9) $$\| f - f_{m_k} \| \leq 2^{-k}$$

Dalla (8), tenendo conto della (6) e della (9), risulta che per $n \geq m_k$ è

$$\| f - f_n \| \leq 2^{-k+1}$$

cioè appunto $f_n \to f$.

<u>Osservazione I.- Per la convergenza in media vale un teorema di unicità.</u> Dimostriamo cioè che se $f_n \to f$,

$f_n \to f'$, in L^2 è $f=f'$. Si ha infatti

$$\|f-f'\| \leq \|f-f_n\| + \|f'-f_n\|$$

Osservazione II.- Uno spazio metrico S si dice completo se ivi ogni successione di Cauchy (la quale cioè verifichi il criterio di Cauchy) è convergente (cioè converge ad un elemento di S).

Per il teorema di Fischer-Riesz lo spazio L^2 è dunque uno spazio completo.

3.- Convergenza debole. Diremo che una successione $\{f_n\}$ di funzioni $f_n \in L^2$ converge debolmente ad $f \in L^2$, se per ogni $g \in L^2$ risulta

$$\lim_{n\to\infty} (f_n, g) = (f, g)$$

Questo tipo di convergenza si indicherà con la notazione

$$f_n \rightharpoonup f$$

La convergenza forte implica la convergenza debole, essendo

$$|(f_n, g) - (f, g)| = |(f_n - f, g)| \leq \|f_n - f\| \cdot \|g\|$$

Non è però vero il contrario. Sia ad esempio, in $0 \vdash\!\dashv \pi$,

$$f_n(x) = \operatorname{sen} nx$$

Per il teorema di Riemann - Lebesgue, presa comunque $g \in L^2$, si ha

$$\lim_{n\to\infty} (f_n, g) = 0 \quad ,$$

ed è, per ogni $g \in L^2$, $(0,g)=0$. Dunque $f_n \rightharpoonup 0$.

Per ogni $n \neq m$ si ha però, come è facile vedere,

$$\| f_n - f_m \| = \sqrt{\pi}$$

Dunque, per il criterio di Cauchy, non può aver luogo la convergenza forte.

Dimostriamo ora il seguente <u>teorema</u>.

<u>Se</u> $f_n \longrightarrow f$ <u>ed è</u> $\lim_{n \to \infty} \| f_n \| = \| f \|$, <u>allora si ha</u> anche $f_n \to f$.

Infatti si ha

$$\| f_n - f \|^2 = (f_n, f_n) - (f_n, f) - (f, f_n) + (f, f)$$

Ne segue

$$\lim_{n \to \infty} \| f_n - f \|^2 = (f, f) - (f, f) - (f, f) + (f, f) = 0$$

<u>Osserviamo che anche per la convergenza debole vale un teorema di unicità, cioè se</u> $f_n \longrightarrow f$, $f_n \longrightarrow f'$, <u>in L^2 è $f = f'$.</u> Sia infatti, per ogni $g \in L^2$,

$$\lim_{n \to \infty} (f_n, g) = (f, g) \qquad \lim_{n \to \infty} (f_n, g) = (f', g)$$

E' allora

$$(f - f', g) = 0$$

e quindi $f = f'$, come segue immediatamente prendendo $g = f' - f$.

Infine, ci limitiamo ad enunciare il seguente teorema di Saks-Banach(°), che prova che anche nell'ipotesi della convergenza debole è possibile dedurre la funzione limite dalle funzioni approssimanti.

(°) Studia Math. 2, 1930.

Se $f_n \to f$, è possibile estrarre dalla successione $\{f_n\}$ una sottosuccessione $\{f_{n_r}\}$ tale che posto

$$F_r = \frac{f_{n_1} + f_{n_2} + \dots + f_{n_r}}{r}$$

la successione $\{F_r\}$ converga in media ad $\{f\}$: risulti cioè

$$\lim_{r\to\infty} \| F_r - f \| = 0$$

4.- Lo spazio L^2 è separabile. Per dimostrarlo, associamo ad ogni $f \in L^2$ una successione $\{f_n\}$ di funzioni $f_n \in L^2$, definite ponendo

$$f_n = \begin{cases} 0 & \text{per } |x| > n \\ f(x) & \text{per } |x| \le n \text{ e } |f(x)| \le n, \\ n\dfrac{f(x)}{|f(x)|} & \text{per } |x| \le n \text{ e } |f(x)| > n \end{cases}$$

Naturalmente f_n è definita a meno di un insieme di misura nulla e la definizione data concerne solo gli x di E (che può avere misura finita o infinita).

Poichè $|f|^2$ è integrabile in E, è facile vedere che

$$\lim_{n\to\infty} \| f - f_n \| = 0$$

Fissato un numero $\varepsilon > 0$, può perciò trovarsi un intero $\bar{n}$ tale che sia

$$\| f - f_{\bar{n}} \| \le \frac{\varepsilon}{2},$$

e può anche trovarsi, come è ben noto, una funzione $g_{\bar{n}\bar{m}}$ coincidente per $|x| \le \bar{n}$ con un polinomio a coefficienti razionali, nulla per $|x| > \bar{n}$, tale che sia

$$\| f_{\bar{n}} - g_{\bar{n}\bar{m}} \| \le \varepsilon/2$$

Applicando la disuguaglianza triangolare si deduce

$$\| f_{\bar{n}} - g_{\bar{n}\bar{m}} \| \le \varepsilon$$

Le $g_{n,m}$ possono ordinarsi in una successione, e abbiamo così provato che questa successione è ovunque densa in L^2, cioè la tesi.

5.- Funzionali lineari. Seguendo il Riesz, diremo lineare un funzionale A che sia

additivo: $A(f_1+f_2) = Af_1 + Af_2$,

omogeneo: $A(kf) = kAf$

limitato: $|Af| \leq M\|f\|$ per ogni $f \in L^2$.(°)

L'insieme dei numeri $M \geq 0$ per i quali vale questa ultima disuguaglianza è dotato di minimo.

Infatti, sia M_A l'estremo inferiore dei numeri M. Sarà allora, per ogni $\varepsilon > 0$,

$$|Af| \leq (M_A+\varepsilon)\cdot\|f\|$$

e quindi anche

$$|Af| \leq M_A\cdot\|f\|$$

Il numero non negativo M_A si indica di solito con il simbolo $\|A\|$ e si chiama norma del funzionale A; pertanto può scriversi

$$|Af| \leq \|A\|\cdot\|f\| .$$

I funzionali lineari sono continui in L^2, essendo

$$|Af-Ag| = |A(f-g)| \leq \|A\|\cdot\|f-g\|$$

(°) Osserviamo che molti funzionali di uso comune non possono definirsi nello spazio L^2. Ad esempio, supponendo le f(x) definite in tutto $a \vdash\!\dashv b$ e preso ivi un punto x_0, il funzionale $Af=f(x_0)$ è additivo e omogeneo, ma non è univoco in L^2 (e nemmeno limitato).

<u>Viceversa, il supporre</u> A <u>continuo porta come conseguenza</u> che A <u>è limitato.</u>

Infatti, se ω è nulla quasi ovunque, risulta

$$A\,\omega = 0,$$

$$\lim_{f \to \omega} Af = 0$$

Perciò sarà $|Af| \leq 1$ per $\|f\| \leq \delta$. Prendiamo ora una generica $f \in L^2$. Posto $g = \frac{\delta f}{\|f\|}$, si ha $\|g\| = \delta$, e quindi

$$|Ag| = \left|A\left(\frac{\delta f}{\|f\|}\right)\right| \leq 1$$

cioè

$$|Af| \leq \frac{1}{\delta}\|f\|$$

Osserviamo ora che in uno spazio vettoriale ordinario, ad un numero finito di dimensioni, ove indichiamo con $f = (x_1, x_2, \dots x_n)$ un punto generico, <u>ogni funzione lineare omogenea è un prodotto scalare</u>, cioè si ha

$$Af = \alpha_1 x_1 + \alpha_2 x_2 + \dots + \alpha_n x_n = (\alpha, f)$$

dove $\alpha_1, \alpha_2, \dots \alpha_n$ sono delle costanti, le quali <u>caratterizzano</u> la funzione Af.

<u>Questa circostanza sussiste anche per i funzionali lineari nello spazio</u> L^2. Fissato infatti in L^2 un punto α, si verifica facilmente che ponendo

$$A f = (f, \alpha) \qquad (f \in L^2)$$

si definisce un funzionale lineare. L'additività e l'omogeneità seguono dalle proprietà del prodotto scalare, ed essendo

$$|Af| = |(f, \alpha)| \leq \|\alpha\| \cdot \|f\|,$$

può porsi $M_A = \|\alpha\|$.

Ma vi è di più. Anche in L^2 la forma (f, α) è caratteristica per i funzionali lineari, come afferma il seguente teorema di Frechet-Riesz.(°)

In L^2 ogni funzionale lineare $A f$ è della forma (f, α). La funzione α si dice la funzione caratteristica, o la funzione generatrice, o l'indicatrice del funzionale A.

Dimostrazione.- Nell'insieme $\|g\| = 1$ è $|Ag| \leq \|A\|\cdot$, e ivi esiste, per la stessa definizione di $\|A\|$, una successione $\{g_n\}$ tale che sia

$$\lim_{n\to\infty} |A g_n| = \|A\|$$

Moltiplicando eventualmente la g_n per delle costanti k_n di modulo unitario, si può supporre che sia

$$\lim_{n\to\infty} A g_n = \|A\|$$

Si ha poi

$$\|g_n + g_m\|^2 + \|g_n - g_m\|^2 = 2\left(\|g_n\|^2 + \|g_m\|^2\right)$$

cioè

$$\|g_n - g_m\|^2 = 4 - \|g_n + g_m\|^2 .$$

E' inoltre

$$|A g_n + A g_m| \leq \|A\| \cdot \|g_n + g_m\| ,$$

(°) Comptes rendus, tome 144, 1907.

cioè
$$\|g_n+g_m\|^2 \geq \frac{(Ag_n+Ag_m)^2}{\|A\|^2}$$
Dunque
$$\|g_n-g_m\|^2 \leq 4-\frac{(Ag_n+Ag_m)^2}{\|A\|^2}$$
da cui segue
$$\lim_{n,m\to\infty}\|g_n-g_m\|=0$$
Pertanto in L^2 esiste una g^* tale che $g_n \longrightarrow g^*$; anzi sarà $\|g^*\| = 1$. Per la continuità del funzionale lineare A_g sarà anche
$$\lim_{n\to\infty} Ag_n = Ag^*$$
e quindi
$$|Ag^*| = \|A\|$$
Poniamo ora
$$\alpha = \|A\|\cdot g^*$$
e proviamo che per ogni $f \in L^2$ si ha
$$Af = (f, \alpha).$$
La cosa è vera per g^*, essendo
$$Ag^* = \|A\|$$
$$(g^*,\alpha) = (g^*, \|A\| g^*) = \|A\|(g^*,g^*) = \|A\|$$
Sia poi h un generico punto ove $Ah = 0$. Proviamo che deve anche essere $(h,g^*) = 0$, e quindi $(h,\alpha) = 0$. La cosa è evidente se $\|h\| = 0$. In generale si ha
$$\|A\|^2 = [Ag^*]^2 = [A(g^*-\lambda h)]^2$$
essendo λ un arbitrario parametro.

Ne segue

$$\|A\|^2 \leq \|A\|^2\left[1-\bar{\lambda}(g^*,h)-\lambda(h,g^*)+\lambda\bar{\lambda}(h,h)\right],$$

cioè (a parte il caso $\|A\| = 0$, per il quale il teorema è evidente)

$$-\bar{\lambda}(g^*,h)-\lambda(h,g^*)+\lambda\bar{\lambda}(h,h) \geqslant 0$$

Prendendo

$$\lambda = \frac{(g^*,h)}{(h,h)} \qquad \bar{\lambda} = \frac{(h,g^*)}{(h,h)} \quad , \quad (\|h\| \neq 0)$$

si ottiene

$$\frac{|(g^*,h)|^2}{(h,h)} \leq 0$$

il che implica $(g^*, h) = 0$, cioè $(h,g^*) = 0$.

D'altra parte, una generica $f \in L^2$ può sempre scriversi nella forma

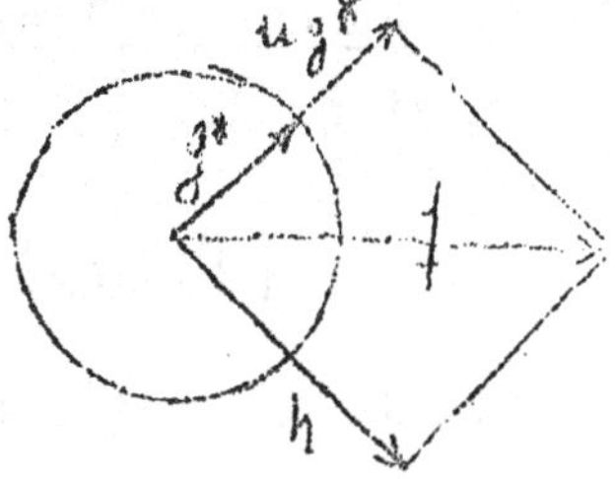

$$f = \mu g^* + h,$$

ove μ è un numero, e h soddisfa la condizione $Ah=0$. Infatti, si prenda

$$\begin{cases} \mu = \dfrac{Af}{Ag^*} \\ h = f - \mu g^* \end{cases}$$

Si ha allora

$$Af = A(\mu g^* + h) = Af + Ah,$$

cioè appunto $A\,h = 0$.

La nostra tesi segue allora osservando che si ha, successivamente

$$\begin{aligned} A f &= A(\mu g^* + h) \\ &= \mu A g^* \\ &= \mu (g^*, \alpha) \\ &= \mu (g^*, \alpha) + (h, \alpha) \\ &= (\mu g^* + h, \alpha) \\ &= (f, \alpha). \end{aligned}$$

Osservazioni.

a) Assegnato un funzionale lineare A, è univocamente determinata in L^2 la sua funzione generatrice α ; infatti se per ogni $f \in L^2$ è $(f, \alpha) = (f, \alpha')$, cioè se $(f, \alpha - \alpha') = 0$, ciò implica, come si vede prendendo $f = \alpha - \alpha'$, $\|\alpha - \alpha'\| = 0$.

b) Sono radici dell'equazione $A f = 0$ tutte e sole le funzioni f ortogonali ad α .

6.- Successioni ortonormali. Una successione $\{\varphi_n\}$ di funzioni di L^2 si dice ortonormale se

$$(\varphi_n, \varphi_m) = \begin{cases} 1 & \text{se } n = m \\ 0 & \text{se } n \neq m \end{cases}$$

Non daremo qui i ben noti esempi di successioni ortonormali. Ricordiamo invece che assegnata una qualunque successione $\{f_n\}$ di funzioni linearmente indipendenti di L^2, è possibile ricavare da questa una successione $\{\varphi_n\}$ ortonormale, mediante il classico procedimento di Schmidt.

Si prende in primo luogo

$$\varphi_1 = \frac{f_1}{\|f_1\|}$$

Dopo aver determinato $\varphi_1, \varphi_2, \dots \varphi_{n-1}$, si pone

$$\varphi_n = \sum_1^{n-1} {}_k \alpha_k \varphi_k + \alpha_n f_n$$

La condizione $(\varphi_n, \varphi_r)=0$ per r= 1,2,...n-1, implica

$$\alpha_r = -\alpha_n (f_n, \varphi_r), \qquad (r=1,2,\dots n-1)$$

da cui

$$\varphi_n = \alpha_n \left(f_n - \sum_1^{n-1}{}_k (f_n, \varphi_k)\varphi_k \right)$$

Imponendo infine $\|\varphi_n\| = 1$ si determina anche α_n; ciò è possibile per la supposta indipendenza lineare delle f_n.

E' così provato anche che risulta

$$\varphi_n = \sum_1^n{}_k \alpha_{nk} f_k$$

dove le α_{nk} sono opportune costanti, con $\alpha_{nn} \neq 0$. Reciprocamente si ha

$$f_n = \sum_1^n{}_k \beta_{nk} \varphi_k$$

con $\beta_{nn} \neq 0$.

Sostituendo ad una generica $f \in L^2$ una arbitraria combinazione lineare di funzioni ortonormali.

$$\sum_1^N{}_k c_k \varphi_k$$

si commette l'errore quadratico medio

$$\left\| f - \sum_1^N{}_k c_k \varphi_k \right\|^2 .$$

Svolgendo i calcoli si trova che questo errore, fissato N e le funzioni $\varphi_1, \varphi_2, \dots \varphi_N$, raggiunge il valore minimo se come costanti c_k si assumono i coefficienti di Fourier

$$\alpha_k = (f, \varphi_k)$$

Con tale scelta risulta

$$\left\| f - \sum_1^N{}_k c_k \varphi_k \right\|^2 = \|f\|^2 - \sum_1^N{}_k |\alpha_k|^2$$

Da tale eguaglianza si rileva in primo luogo che l'approssimazione migliora, o almeno non peggiora, al crescere di N; in secondo luogo, la serie $\sum_0 k |\alpha_k|^2$ è convergente, e vale la disuguaglianza di Bessel

$$\sum_0^\infty k |\alpha_k|^2 \leq \|f\|^2$$

Dimostriamo ora il seguente teorema.

Se $\{\varphi_n\}$ è una successione ortonormale di L^2, presa una qualunque funzione $f \in L^2$, la serie di funzioni

$$\sum_1^\infty k (f, \varphi_k) \varphi_k$$

converge in media.

Per il teorema di ~~Fischer~~-Riesz basta far vedere che la successione delle somme parziali è una successione di Cauchy; ciò è vero poichè risulta, per n > m

$$\left\| \sum_1^n k \alpha_k \varphi_k - \sum_1^m k \alpha_k \varphi_k \right\| = \left(\sum_m^n k \alpha_k \varphi_k , \sum_m^n k \alpha_k \varphi_k \right) = \sum_{m \; r,s}^n \alpha_r \bar{\alpha}_s (\varphi_r, \varphi_s) = \sum_m^n k |\alpha_k|^2$$

e la serie $\sum_0^\infty k |\alpha_k|^2$ è convergente.

Possiamo dunque scrivere (con l'ovvia precisazione circa il significato che assume qui il segno =)

$$g = \sum_1^\infty k (f, \varphi_k) \varphi_k$$

La somma g della serie gode della seguente proprietà: la differenza f - g è ortogonale a tutte le φ_n : cioè $(f-g) \perp \varphi_n$.

Infatti, poichè la convergenza in media implica la convergenza debole, risulta

$$(g, \varphi_i) = \lim_{n \to \infty} \left(\sum_1^n k \alpha_k \varphi_k , \varphi_i \right) = \lim_{n \to \infty} \sum_1^n k \alpha_k (\varphi_k, \varphi_i) = (f, \varphi_i)$$

7.- Si chiama varietà lineare V di L^2 l'insieme di tutte le possibili combinazioni lineari

$$\sum_1^n {}_k c_k \varphi_k$$

(n finito) di un numero finito o di una infinità numerabile $\{\varphi_n\}$ di funzioni ortonormali.

Un sottospazio E di L^2 (proprio oppure no) è la somma di una varietà lineare $V \subset L^2$ e della sua chiusura F V.

Se la varietà V ha un numero finito N di dimensioni (cioè se i suoi punti sono combinazioni lineari di $\varphi_1, \varphi_2, \dots \varphi_N$) essa è un sottospazio. Infatti, sia $f \in V + F\,V = E$. Preso $\varepsilon > 0$ ad arbitrio, si troverà un elemento $\sum_1^N {}_k \bar{c}_{k,\varepsilon} \varphi_k$ di V tale che sia

$$\| f - \sum_1^N {}_k \bar{c}_{k,\varepsilon} \varphi_k \| \leq \varepsilon$$

e quindi a maggior ragione, sostituendo alle $\bar{c}_{k,\varepsilon}$ i coefficienti di Fourier $\alpha_k = (f, \varphi_k)$,

$$\| f - \sum_1^N {}_k \alpha_k \varphi_k \| \leq \varepsilon$$

Poichè le α_k non dipendono da ε, ciò implica

$$f = \sum_1^N {}_k \alpha_k \varphi_k$$

Se $N = \infty$, E risulta costituito da tutte le funzioni f sviluppabili in serie di Fourier delle φ_n :

$$f = \sum_1^\infty {}_k (f, \varphi_k) \varphi_k$$

Diremo completa una successione $\{\varphi_n\}$ se $E = L^2$.

Ciò posto, dimostriamo il seguente:

Teorema di decomposizione. Una funzione $f \in L^2$ si può decomporre in uno e in un sol modo nella somma

$$f = g + h,$$

con $g \in E$, $h \perp E$.

La decomposizione si effettua prendendo

$$g = \sum_{1}^{\infty}{}_k (f, \varphi_k)\varphi_k$$

e quindi

$$h = f - g.$$

Con questa scelta g appartiene ad E, mentre h, per la proprietà dimostrata nel n. 7, è ortogonale a tutte le φ_n e quindi ad E.

La decomposizione è poi unica; sia infatti

$$f = g_1 + h_1 ,$$

con $g_1 \in E$, $h_1 \perp E$. Allora dovrà essere $g+h=g_1 + h_1$, cioè

$$g - g_1 = -(h - h_1).$$

Questa eguaglianza implica che $g-g_1 \in E$ sia ortogonale ad E, e in particolare a se stesso. Dunque $(g-g_1, g-g_1)=0$, da cui $g = g_1$ e quindi anche $h = h_1$.

8.-a) Sia A un funzionale definito nei punti

$$\psi_1, \psi_2, \ldots, \psi_N$$

Vogliamo prolungare A in tutto L^2 in modo da ottenere un funzionale lineare.

Condizione necessaria e sufficiente perchè ciò sia possibile è che esista una costante M tale che per tutte le possibili N-ple $c_1, c_2, \ldots c_N$ sia

$$(1) \qquad \left| \sum_{1}^{N}{}_k c_k A\psi_k \right| \leq M \left\| \sum_{1}^{n}{}_k c_k \psi_k \right\|$$

La necessità della condizione (1) è ovvia.

Se la condizione (1) è soddisfatta, cominciamo col porre

$$A\left[\sum_{1}^{N}{}_{k} c_k \psi_k\right] = \sum_{1}^{N}{}_{k} c_k A\psi_k$$

con ciò A risulta definito su una varietà lineare ad un numero finito di dimensioni, cioè su di un sottospazio E. Sia ora una generica $f \in L^2$. Eseguiamo la decomposizione

$$f = f^* + h,$$

con $f^* \in E$, $h \perp E$.
Porremo $A f = 0$ se $f = h$; dovendo essere additivo, A è allora definito in tutto L^2, e risulta

$$A f = A f^*.$$

E' facile constatare che il funzionale A, così prolungato, è veramente un funzionale lineare; qui ci limitiamo ad osservare che essendo, per l'ortogonalità,

$$\|f\|^2 = \|f^*\| + \|h\|^2 ,$$

risulta

$$|Af| = |Af^*| \leq M\|f^*\| \leq M\|f\|$$

b) Sia A un funzionale definito nei punti della successione

$$\psi_1, \psi_2, \ldots, \psi_n, \ldots$$

Vogliamo prolungare A in tutto L^2 in modo da ottenere un funzionale lineare.
Condizione necessaria e sufficiente perchè ciò sia possibile è che esista una costante M tale che per ogni n e per tutte le corrispondenti n-ple $c_1, c_2, \ldots c_n$, sia

$$\left|\sum_{1}^{n}{}_{k} c_k A\psi_k\right| \leq M \left\|\sum_{1}^{n}{}_{k} c_k \psi_k\right\|$$

Cominciamo col porre

$$A\left[\sum_{1}^{m}{}_{k} c_k \psi_k\right] = \sum_{1}^{n}{}_{k} c_k A \psi_k$$

con ciò A risulta definito su una varietà lineare V. Consideriamo ora il sottospazio $E = V + \bar{F}V$, e definiamo A in FV. Presa $f^* \in FV$, esiste una successione di funzioni $\phi_n \in V$, con $\phi_n \longrightarrow f^*$.
Si ha poi

$$|A\phi_n - A\phi_m| \leq M\|\phi_n - \phi_m\|,$$

cioè, per il criterio di Cauchy, esiste il

$$\lim_{n \to \infty} A\phi_n,$$

e questo sarà, per definizione, il valore di Af^*. E' allora doddisfatta la disuguaglianza

$$|Af^*| \leq M\|f^*\|$$

Si procede poi ragionando come in a).
c) Dimostriamo il seguente teorema di Hahn.(°)
Se E è un sottospazio proprio (cioè se $E \subset L^2$), si può definire in L^2 un funzionale lineare A nullo su E, ma non identicamente nullo.
Per quanto si è detto nel n. 7, esiste una funzione $g \perp E$, con $\|g\| = 1$. Introduciamo ora il sottospazio

$$U = \lambda g + E$$

dove λ è un numero, cioè il sottospazio dei punti $u = \lambda g + h$, con $h \in E$.

(°) Journ. für Reine und Ang. Math. T.157, 1927.

Per dimostrare il teorema, basterà definire in U un funzionale A nullo su E ma non identicamente nullo; questo potrà prolungarsi in tutto L^2, seguendo la via indicata in a) e in b).

Poniamo dunque

$$A\,u = \lambda$$

Con ciò per $u \in E$ risulta $A\,u = 0$.

Inoltre A è additivo e omogeneo, essendo

$$A(c_1u_1+c_2u_2) = A\left(c_1[\lambda_1 g+h_1]+c_2[\lambda_2 g+h_2]\right) = c_1\lambda_1+c_2\lambda_2 =$$
$$= c_1 A u_1 + c_2 A u_2$$

ed è limitato: infatti è $\|u\|^2 = \lambda^2 + \|h\|^2$, e quindi si ha

$$|Au| = |\lambda| \leq \|u\|$$

9.- <u>Trasformazioni lineari in L^2.</u> <u>Una trasformazione</u>

$$g = T\,f \qquad (f, g \in L^2),$$

<u>si dice lineare se è</u>

<u>additiva:</u> $T(f_1+f_2) = Tf_1 + Tf_2$

<u>omogenea:</u> $T(cf) = cTf$

<u>limitata:</u> $|Tf| \leq M\|f\|$

Il più piccolo M per il quale è soddisfatta l'ultima disuguaglianza si chiama <u>norma di</u> T, e si indica con il simbolo $\|T\|$.

<u>Una trasformazione lineare è continua, nel senso che se</u> $f_u \to f$, <u>anche</u> $T f_u \to T f$.

Una trasformazione additiva, omogenea e continua è lineare; si prova infatti che è anche limitata (Cfr. n. 5).

I simboli $T_1 + T_2$, CT, $T_1\,T_2$ risultano definiti in modo ovvio ponendo

$$(T_1 + T_2)\, f = T_1 f + T_2 f,$$
$$(c\,T)\, f = c\,(T f),$$
$$(T_1 T_2)\, f = T_1 (T_2 f).$$

Si ha poi

$$\| T_1 + T_2 \| = \| T_1 \| + \| T_2 \|$$
$$\| T_1 \cdot T_2 \| = \| T_1 \| \cdot \| T_2 \|$$
$$\| c\,T \| = |c| \cdot \| T \|$$

poichè è

$$\| (T_1 + T_2) f \| \leq \| T_1 \| \cdot \| f \| + \| T_2 \| \cdot \| f \|$$
$$\| (T_1 \cdot T_2) f \| \leq \| T_1 \| \cdot \| T_2 f \| \leq \| T_1 \| \cdot \| T_2 \| \cdot \| f \|$$
$$\| (cT) f \| = |c| \cdot \| T f \| = |c| \cdot \| T \| \cdot \| f \| .$$

Sia ora una successione $\{T_n\}$ di trasformazioni.

Ad una successione siffatta associeremo tre distinte nozioni di convergenza.

a) Tu converge debolmente a T (in simboli Tu $\longrightarrow$ T) se per ogni f $\in L^2$ Tuf $\longrightarrow$ Tf.

b) Tu converge in media a T (in simboli Tu $\longrightarrow$ T) se per ogni f $\in L^2$ Tuf $\longrightarrow$ Tf.

c) Tu converge in norma a T, in simboli Tu $\Longrightarrow$ T, se

$$\lim_{n \to \infty} \| T_n - T \| = 0$$

Se Tu converge in media, converge debolmente; se converge in norma, converge anche in media: anzi essendo

$$\| T_n f - T f \| = \| (T_n - T) f \| \leq \| T_n - T \| \cdot \| f \| ,$$

la convergenza è uniforme in ogni insieme limitato.

10.- Trasformazioni completamente continue.

Una classe molto importante di trasformazioni lineari è quella delle trasformazioni completamente continue; cioè di quelle trasformazioni che trasformano ogni insieme limitato di L^2 in un insieme compatto.

Ciò equivale a dire che se T è una trasformazione completamente continua e se $\|f_u\| \leq M$, dalla successione $\{T f_n\}$ si può estrarre una sottosuccessione convergente in media.

E' interessante rilevare che la trasformazione identica non è completamente continua.

Proprietà delle trasformazioni completamente continue:

a) Se T è completamente continua lo è anche $c\,T$;

b) Se T_1 e T_2 sono completamente continue, lo è anche T_1+T_2;

c) Se T_1 o T_2 sono completamente continue, lo è anche $T_1 \cdot T_2$.

Dimostriamo la c). Sia $\|f_u\| \leq M$; poichè $\|T_2 f_u\| \leq \|T_2\| \cdot \|f_u\| = N$ la tesi è evidente se è completamente continua T_1; se invece è completamente continua T_2, dalla successione $T_2 f_u$ si estragga la successione convergente $g_r = T_2 f_{n_r}$; allora convergerà anche la successione $T_1 g_r$, essendo

$$\|T_1 g_r - T_1 g_s\| \leq \|T_1\| \cdot \|g_r - g_s\|$$

d) Se T_u è completamente continua e se $T_u \Longrightarrow T$, anche T è completamente continua, cioè la classe delle trasformazioni completamente continue è chiusa rispetto alla convergenza in norma.

Infatti, sia $\|f_u\| \leq M$. La tesi si prova con il classico procedimento diagonale. Dalla successione $T_1 f_n$ si estragga una sottosuccessione convergente $T_1 f_{1n}$; dalla successione $T_2 f_{1n}$ si estragga una sottosuccessione convergente $T_2 f_{2n}$, e così via. Si costruisce in tal modo il quadro di funzioni

$$\begin{matrix} f_{11}, & f_{12}, & \dots & f_{1n}, & \dots \\ f_{21}, & f_{22}, & \dots & f_{2n}, & \dots \\ \cdot & \cdot & \cdot\cdot\cdot & \cdot & \cdot\cdot\cdot \\ f_{r1}, & f_{r2}, & \dots & f_{rn}, & \dots \end{matrix}$$

ove $T_r f_{rn} \longrightarrow h_r$. Posto allora $g_n = f_{nn}$, si ha, qualunque sia r,

$$T_r g_n \longrightarrow h_r.$$

E' poi

$$\|Tg_m - Tg_n\| = \|(Tg_m - T_r g_m) + (T_r g_m - T_r g_n) + (T_r g_n - Tg_n)\|$$
$$\leq 2\|T - T_r\| \cdot M + \|T_r g_m - T_r g_n\| .$$

Fissato $\varepsilon > 0$, può determinarsi un $\bar{r}$ tale che sia

$$2\|T - T_{\bar{r}}\| M < \frac{\varepsilon}{2}$$

e successivamente un $\bar{m}$ tale che per $n, m \geq \bar{m}$ sia

$$\|T_{\bar{r}} g_m - T_{\bar{r}} g_n\| \leq \frac{\varepsilon}{2}$$

Per $n, m \geq \bar{m}$ segue allora

$$\|Tg_m - Tg_n\| \leq \varepsilon$$

da cui la tesi.

11.- Trasformazioni integrali. Sia $K(x,y)$ una funzione misurabile e con modulo a quadrato integrabile nel rettangolo di vertici opposti (a,a), (b,b). Lo spazio di queste funzioni si indicherà con L_2^2. Il prodotto scalare e la norma si definiscono in modo ovvio, ponendo

$$(K_1, K_2)_2 = \int_a^b \int_a^b K_1(xy) \overline{K_2(xy)}\, dx dy ,$$

$$\|K\|_2 = \sqrt{(K,K)_2}$$

Ciò posto, una notevole trasformazione lineare di L^2 è la trasformazione integrale

$$g(x) = \int_a^b k(x\,y)\, f(y)\, dy \,, \tag{1}$$

che indicheremo nel seguito con la scrittura

$$g = K\, f.$$

Infatti, essendo

$$\int_a^b \int_a^b |k(x\,y)|^2 dx\, dy = \int_a^b dx \int_a^b |k(x\,y)|^2 dy$$

per il teorema di Fubini l'integrale interno esiste per quasi tutti gli x, e per tali x, applicando la disuguaglianza di Schwarz, si ha

$$|g(x)|^2 \leq \left\{ \int_a^b |k(x\,y)\, f(y)|\, dy \right\}^2 \leq \|f\| \int_a^b |k(x\,y)|^2 dy$$

Ne segue

$$\int_a^b |g(x)|^2 dx \leq (k, k)_2 \cdot \|f\|^2$$

Perciò ad ogni $f \in L^2$, la (1) fa corrispondere una $g \in L^2$, con

$$\|g\| \leq \sqrt{(k, k)_2}\, \|f\| \,. \tag{2}$$

La trasformazione K è manifestamente additiva e omogenea, e per la (2) risulta

$$\|K\| \leq \sqrt{(k\ k)_2}$$

Dimostriamo ora che K è completamente continua.

Supponiamo dapprima che sia

$$K(xy) = \varphi(x)\,\overline{\psi}(y)$$

In questo caso la (1) porge

$$Kf = \varphi(f\cdot\psi)$$

Allora, detta $\{f_n\}$ una successione con $\{f_n\} \leq M$, essendo $(f_n, \psi) \leq M.\|\psi\|$, si può estrarre da questa una successione $\{g_n\}$ tale che esista

$$\lim_{n\to\infty}(g_n,\psi) = c < \infty$$

Segue di qui la convergenza della successione $\{K g_n\}$, poichè

$$\|K g_n - c\,\varphi\| = |(g_n,\psi) - c|\cdot\|\varphi\| .$$

Dunque se il nucleo $K(x,y)$ è elementare (o di rango finito) cioè se

$$k(xy) = \sum_{1}^{n}{}_i\, \varphi_i(x)\,\overline{\psi}_i(y),$$

allora K è completamente continua.

Ciò posto, la tesi si prova facilmente nel caso generale osservando che un generico nucleo $K(x,y)$, essendo a quadrato assolutamente integrabile per $a \leq x \leq b$, $a \leq y \leq b$, può ottenersi (come nel n. 6 per le funzioni di una sola variabile), quale limite in media di una successione di nuclei elementari, precisamente di una successione di polinomi a coefficienti razionali.

Proviamo infine il seguente Teorema.

Se $K f = 0$ per ogni $f \in L^2$, il nucleo $K(x,y)$ che genera la trasformazione integrale K è nullo quasi ovunque in L_2^2.

Dunque non solo il nucleo individua la trasformazione, ma viceversa la trasformazione individua il nucleo, poichè se due trasformazioni coincidono, i nuclei corrispondenti devono avere in L_2^2 distanza nulla.

Per provare il teorema osserviamo che nell'ipotesi $Kf = 0$ deve essere per ogni $h \in L^2$, $f \in L^2$,

$$\int_a^b \bar{h}(x)dx \cdot \int_a^b k(x,y) f(y) dy = 0$$

Allora per ogni nucleo elementare E (cioè per ogni nucleo del tipo $\sum_1^n h_i(x)\, \bar{f}_i(y)$) sarà $(K,E)_2 = 0$, e quindi per ogni nucleo $M(x,y) \in L_2^2$, che è approssimabile quanto si vuole con nuclei elementari, sarà $(K,M)_2 = 0$. In particolare $(K,K)_2 = 0$, da cui la tesi.

o

o

CAP. II.

LA TEORIA DI RIESZ DELL'EQUAZIONE INTEGRALE DI FREDHOLM

1.- Consideriamo l'equazione integrale , nell'incognita f,

(1) $$f = K f + \varphi$$

Questa equazione, introdotta l'identità I, può scriversi come segue:

$$(I - K) f = \varphi$$

TEOREMA. Le autosoluzioni della (1) costituiscono una varietà lineare di dimensione finita.

Infatti, esista una successione $\{ f_n \}$ di autosoluzioni, tutte linearmente indipendenti tra loro; potremo senz'altro supporle ortogonali e normali.

Dovrebbe esistere, per la completa continuità di K, una sottosuccessione $\{ g_n \}$ di autosoluzioni, convergente: si osservi infatti che $g_n = K g_n$. Ciò è assurdo, essendo, per l'ortonormalità,

$$\| g_n - g_m \| = \sqrt{2}.$$

TEOREMA: Gli autovalori dell'equazione (1) non possono avere punti di accumulazione al finito.

Infatti, se ciò fosse esisterebbe una successione $\{ \lambda_n \}$ di autovalori (ove $\lambda_i \neq \lambda_j$; e necessariamente $\lambda_i \neq 0$), con $| \lambda_n | \leq M$. Ammettiamolo, e consideriamo una corrispondente successione $\{ f_n \}$ di autosoluzioni. Si dimostra col procedimento consueto che tutte le $\{ f_n \}$ sono linearmente indipendenti.

Consideriamo poi la successione ortonormale $\{ g_n \}$ dedotta dalla successione $\{ f_n \}$ (ovviamente le $\{ f_n$ non sono autosoluzioni). Poichè

$$\| \lambda_n g_n \| \leq | \lambda_n | \leq M ,$$

la successione dei punti

$$K \lambda_n g_n = \lambda_n K g_n$$

contiene una successione convergente in media.
Questo è assurdo. Infatti si ha

$$g_n = \sum_1^n{}_i \, a_{ni} f_i \qquad f_n = \sum_1^n{}_i \, \alpha_{ni} g_i$$

dove le a_{ni}, α_{ni} sono opportune costanti. Posto allora, per n > m,

$$\lambda_n K g_n - \lambda_m K g_m = g_n + g,$$

cioè

$$g = \lambda_n K g_n - \lambda_m K g_m - g_n$$

si deduce

$$g = \lambda_n \sum_1^n{}_i \, a_{ni} K f_i - \lambda_m \sum_1^m{}_i \, a_{mi} K f_i - \sum_1^n{}_i \, a_{ni} f_i =$$

$$= \lambda_n \sum_1^{n-1}{}_i \, a_{ni} \frac{f_i}{\lambda_i} - \lambda_m \sum_1^m{}_i \, a_{mi} \frac{f_i}{\lambda_i} - \sum_1^{n-1}{}_i \, a_{ni} f_i = \sum_1^{n-1}{}_i \, b_{in} g_i$$

il che implica $(g, g_n) = 0$.
Di conseguenza

$$\| K\lambda_n g_n - K\lambda_m g_m \| = \| \lambda_n K g_n - \lambda_m K g_m \| = \| g_n + g \| \geq .$$

cioè non ha luogo l'asserita convergenza in media.

2.- Introdurremo ora <u>due importanti classi di sottospazi dello spazio hilbertiano: i sottospazi</u> M_n ed N_n.

A tal fine, consideriamo la trasformazione

$$T = I - K;$$

conveniamo di porre $T^0 = I$, ed osserviamo che risulta

$$T^n = (I - K)^n = I - K_n,$$

dove K_n è un polinomio in K e quindi la trasformazione K_n è completamente continua.

<u>Def. Il sottospazio M_n è costituito dalla totalità delle radici dell'equazione</u>

$$T^n f = 0 \qquad (n = 0, 1, 2, \ldots)$$

a) M_n <u>è un sottospazio</u> perchè è una varietà lineare di dimensione finita (in virtù di quanto si è già dimostrato).

b) <u>Risulta</u>

$$0 = M_0 \quad M_1 \subseteq \ldots M_n \subseteq M_{n+1} \subseteq \ldots$$

che sia $M_0 = 0$ è evidente, essendo $T^0 = I$; si osservi poi che se $T^r \bar{f} = 0$, allora è anche $T^{r+1} \bar{f} = T\,(T^r \bar{f}) = 0$.

c) <u>Se M_n è un sottospazio proprio di M_{n+1}, cioè se $M_n \subset M_{n+1}$, allora è anche $M_p \subset M_{p+1}$ per ogni</u> $p \leq n$. Infatti se $M_n \subset M_{n+1}$, esiste un punto f tale che $T^{n+1} f = 0$, $T^n f \neq 0$. Allora per $p \leq n$ il punto $g = T^{n-p} f$ appartiene ad M_{p+1} perchè

$$T^{p+1} g = T^{p+1} T^{n-p} f = T^{n+1} f = 0,$$

ma non appartiene a M_p, perchè

$$T^p g = T^p T^{n-p} f = T^n f \neq 0$$

d) Per quanto è stato dimostrato in c), <u>possono presentarsi due alternative:</u>

o risulta

$$0 = \mathfrak{M}_0 \subset \mathfrak{M}_1 \subset \ldots \subset \mathfrak{M}_n \subset \mathfrak{M}_{n+1} \subset \ldots$$

o esiste un indice $\nu \geqslant 0$ tale che sia

$$0 = \mathfrak{M}_0 \subset \ldots \subset \mathfrak{M}_{\nu-1} \subset \mathfrak{M}_\nu = \mathfrak{M}_{\nu+1} = \mathfrak{M}_{\nu+2} = \ldots$$

Proviamo che si verifica quest'ultima circostanza.
Infatti, se così non fosse, esisterebbe per ogni n una funzione $\varphi_n \in \mathfrak{M}_n$, con $\|\varphi_n\| = 1$, ortogonale a M_{n-1}, cioè a tutte le funzioni di questo sottospazio. La successione $\{K\varphi_n\}$ conterrebbe allora una successione convergente. Ciò è assurdo, perchè, preso $n > m$, si ha

$$K\varphi_n - K\varphi_m = \varphi_n - T\varphi_n - \varphi_m + T\varphi_m =$$

$$= \varphi_n + \varphi ,$$

dove $\varphi = - T\varphi_n - \varphi_m + T\varphi_m$. Ora è $\varphi \in M_{n-1}$. Infatti si ha $T^m \varphi_m = 0$ per definizione, e quindi, osservando che è $\varphi_m \in M_{n-1}$, $\varphi_m \in M_n$,

$$T^{n-1}\varphi = T^{n-1}(T\varphi_m - \varphi_m - T\varphi_n) = 0$$

Dunque $(\varphi, \varphi_n) = 0$, e quindi

$$\|K\varphi_n - K\varphi_m\| \geqslant 1$$

Def. Il sottospazio N_n è il trasformato di L^2 mediante T^n.
Vale a dire, N_n è costituito dalla totalità dei punti $f = T^n g$, ove $g \in L^2$.

a) N_n è veramente un sottospazio, risultando chiuso, come ora proveremo.

Ci limitiamo a farlo per n = 1; nel caso generale la dimostrazione si ottiene considerando K_n in luogo di K.

Sia una successione $f_k = T_{gk}$ $(g_k \in L^2)$ di punti di N_1, e sia $f_k \to f^*$; dobbiamo provare che $f^* \in N_1$, cioè che esiste un $v^* \in L^2$ tale che $f^* = T v^*$. Eseguiamo a tal fine la decomposizione

$$g_k = u_k + v_k ,$$

con $u_k \in M_1$ e $v_k \perp M_1$. Allora è

$$f_k = T v_k$$

<u>Inoltre la successione $\{v_k\}$ è limitata.</u>

In caso contrario esisterebbe una sottosuccessione (diciamola ancora $\{v_k\}$), con $\lim_{k\to\infty} \| v_k \| = \infty$

Posto $w_k = \frac{v_k}{\| v_k \|}$, è $\| w_k \| = 1$ e risulta

$$T w_k = \frac{f_k}{\| v_k \|} \to 0 ,$$

cioè risulta

$$w_k - K w_k \to 0$$

Ma allora, se w_{k_i} è una sottosuccessione tale che $\{K w_{k_i}\}$ converga, deve anche convergere la successione $\{w_{k_i}\}$.

Sia dunque $w_{k_i} \to w^*$.

Ne segue $Tw^* = 0$, cioè $w^* \subset M_1$. Ma è $w_k \perp M_1$, $\| w_k \| = 1$, e quindi

$$\| w_{k_i} - w^* \| \geq 1 ,$$

il che è assurdo.

Poichè la successione $\{v_k\}$ è limitata, si può estrarre da questa una successione $\{v_{k_i}\}$ tale che converga $\{K v_{k_i}\}$. Di conseguenza, essendo

$$f_{k_i} = v_{k_i} - K v_{k_i} \to f^* ,$$

deve essere $v_{k_i} \to v^*$. Per continuità è infine

$$f^* = \lim T v_{k_i} = T v^* ,$$

c.v.d.

b) Risulta

$$L^2 = \mathcal{N}_0 \supseteq \mathcal{N}_1 \supseteq \ldots \supseteq \mathcal{N}_n \supseteq \mathcal{N}_{n+1} \supseteq \ldots$$

che sia $N_0 = L^2$ è evidente, essendo $T^0 = I$; si osservi poi che se $f \in N_{n+1}$, cioè se $f = T^{n+1} g$, allora $f = T^n (T g)$, cioè $f \in N_n$.

c) Se per un certo $n \geq 0$ è $N_n = N_{n+1}$, è anche, per ogni $p \geq 0$, $N_{n+p} = N_{n+p+1}$. Infatti, preso ad arbitrio $g \in L^2$, esiste un $g' \in L^2$ tale che sia $f = T^n g = T^{n+1} g'$. Ma allora si ha $T^{p+n} g = T^p(T^n g) = T^p(T^{n+1} g') = T^{p+n+1} g'$, cioè la tesi.

d) Per quanto si è detto in c) possono presentarsi due alternative:

o risulta

$$L^2 = \mathcal{N}_0 \supset \mathcal{N}_1 \supset \ldots \supset \mathcal{N}_n \supset \mathcal{N}_{n+1} \supset \ldots$$

o esiste un indice $\mu \geq 0$ tale che sia

$$L^2 = \mathcal{N}_0 \supset \mathcal{N}_1 \supset \ldots \mathcal{N}_{\mu-1} \supset \mathcal{N}_\mu = \mathcal{N}_{\mu+1} = \ldots$$

Proviamo che si verifica questa seconda circostanza.
Infatti, se così non fosse, esisterebbe per ogni n una funzione $\varphi_n \in N_n$, con $\| \varphi_n \| = 1$, ortogonale ad N_{n+1} (e quindi a tutti gli spazi successivi $N_{n+2,\ldots}$).
La successione $\{ K \varphi_n \}$ conterebbe allora una successione convergente. Ciò è assurdo, perchè preso $m > n$ si ha

$$k \varphi_m - k \varphi_n = \varphi_m - T \varphi_m - \varphi_n + T \varphi_n =$$

$$= \varphi_m + \varphi \quad ,$$

dove $\varphi = - T \varphi_m - \varphi_m + T \varphi_n$. Risulta allora $T^{m+1} \varphi = 0$, cioè $\varphi \in N_{m+1}$. Pertanto è $(\varphi , \varphi_m) = 0$, e quindi

$$\| k \varphi_m - k \varphi_n \| \geq 1$$

3. - L'importanza dello spazio N_μ è messa in luce dal seguente teorema di esistenza e di unicità.

Nell'ambiente N_μ l'equazione

$$T^k f = g \qquad (k = 0,1,2,\dots)$$

ammette una ed una sola soluzione.

Ciò vuol dire che preso ad arbitrio un punto $g \in N_\mu$, esiste un punto, e solo un punto, $f \in N_\mu$ tale che $T^k f = g$.

Una soluzione esiste perchè essendo

$$N_{\mu+k} = T^k N_\mu = N_\mu ,$$

ogni punto $g \in N_{\mu+k} = N_\mu$ è il trasformato di almeno un punto $f \in N_\mu$.

La soluzione è unica. Dimostriamolo per $K = 1$. Supponiamo che in N_μ l'equazione integrale

$$T \varphi = 0$$

ammetta una soluzione $\varphi_1 \neq 0$, e consideriamo una successione

$$\varphi_1 , \varphi_2 , \varphi_3 , \dots \varphi_n , \dots$$

di punti di N_μ ottenuti risolvendo successivamente le equazioni

$$T\varphi_2 = \varphi_1$$
$$\dots\dots$$
$$T \varphi_k = \varphi_{k-1}$$
$$\dots\dots$$

Si ha

$$T\varphi_1 = T^2\varphi_2 = \dots T^n\varphi_n = 0 \; ; \; T^{n-1}\varphi_n = \varphi_1 \neq 0$$

quindi, e ciò qualunque sia n, esiste una funzione $\varphi_n \notin M_{n-1}$, mentre è $\varphi_n \in M_n$, cioè $M_n \supset M_{n-1}$, il che, per $n \geq \nu$, è assurdo.

In generale, ammettiamo che l'equazione $T^{k-1}\varphi = 0$ abbia, in N_μ, la sola soluzione $\varphi = 0$. Allora, l'equazione

$T^k\varphi = 0$, cioè $T^{k-1}(T\varphi) = 0$, ammette in N_μ la soluzione $T\varphi = 0$ (poichè se $\varphi \in N_\mu$ anche $T\varphi \in N_\mu$), e quindi si ha $\varphi = 0$.

4.- Sussiste il seguente

<u>TEOREMA. Gli indici μ e ν sono uguali.</u>

Basta provare che

$$\mathfrak{M}_{\mu-1} \subset \mathfrak{M}_\mu = \mathfrak{M}_{\mu+1}$$

La prima parte naturalmente ha luogo solo se è $\mu > 0$.
Sia $f \in M_{\mu+1}$. Si ha $T^{\mu+1} f = 0$, cioè $T(T^\mu f) = 0$; questo implica che sia $f \in M_\mu$, poichè si ha $T^\mu f \in \mathfrak{N}_\mu$ e quindi $T(T^\mu f) = 0$ implica che $T^\mu f = 0$. Inoltre è $\mathfrak{M}_{\mu+1} \supseteq \mathfrak{M}_\mu$; perciò <u>deve essere</u> $M_\mu = M_{\mu+1}$. Proviamo ora che $\mathfrak{M}_{\mu-1} \subset \mathfrak{M}_\mu$. Prendiamo un punto f, con $f \in \mathfrak{M}_{\mu-1}$, $f \notin \mathfrak{N}_\mu$; sarà per definizione $f = T^{\mu-1} g$, ove $g \in L^2$. L'equazione in g'

$$T^\mu g = T^\mu g',$$

poichè $T^\mu g \in \mathfrak{N}_\mu$, ammette una ed una sola soluzione $g' \in \mathfrak{N}_\mu$, come abbiamo dimostrato.
È $g - g' \in \mathfrak{M}_\mu$ essendo $T^\mu(g - g') = 0$, mentre non è $g - g' \in \mathfrak{M}_{\mu-1}$, perchè risulta

$$T^{\mu-1}(g-g') = T^{\mu-1}g - T^{\mu-1}g' = f - g'' \neq 0;$$

per convincersene, si osservi che è $g' \in \mathfrak{N}_\mu$, e quindi $g'' \in \mathfrak{N}_\mu$, mentre $f \notin \mathfrak{N}_\mu$.
<u>Dunque $\mathfrak{M}_{\mu-1}$ è un sottospazio proprio di</u> $\mathfrak{M}_\mu$.

5.- <u>Teorema fondamentale. Ogni funzione f dello spazio hilbertiano si può decomporre in uno ed in un sol modo nella somma</u>

(1) $$f = u + v,$$

con $u \in \mathfrak{M}_\nu$, $v \in \mathfrak{N}_\nu$.

Infatti, supponiamo di aver già eseguito la decomposizione (1). Dovendo essere $T^\nu u = 0$, cioè $T^\nu (f-v)=0$, sarà $T^\nu v = T^\nu f$. Poichè $T^\nu f \in \mathfrak{N}_\nu$, l'equazione ora scritta ammette una ed una sola soluzione $v \in \mathfrak{N}_\nu$.
Anche u è allora univocamente determinata come differenza f - v.
Dunque se la decomposizione è possibile, essa è certamente unica. Essa è possibile, perchè si verifica subito che il punto u = f - v appartiene ad $\mathfrak{M}_\nu$.

6.- Consideriamo <u>l'equazione integrale</u>.

(1) $$(I - k)\, f = g$$

Porremo ancora, per brevità di scrittura, I - k = T.
<u>Ambientiamo dapprima l'equazione nel sottospazio $\mathfrak{N}_\nu$</u>, cioè, assegnato un punto $g \in \mathfrak{N}_\nu$, ricerchiamo le soluzioni f della (1) appartenenti ad $\mathfrak{N}_\nu$, ignorando ogni altro punto di L^2.
<u>Si è visto che nel sottospazio in questione l'equazione integrale ammette per ogni g una ed una sola soluzione f, la quale dipende da g in modo additivo e omogeneo.</u>
<u>Dimostreremo ora che esiste una costante C tale che</u>

(2) $$\|f\| \leq C\, \|g\|$$

Nella dimostrazione, che sarà per assurdo, viene in gioco

la completa continuità di K. Se non esiste una costante C per la quale valga la (2), deve esistere una successione $\{g_n\}$ tale che, detta $\{f_n\}$ la successione delle f corrispondenti, sia

$$\lim_{n\to\infty} \frac{\|f_n\|}{\|g_n\|} = \infty$$

Introduciamo ora i punti $h_n = \frac{f_n}{\|f_n\|}$; per questi si ha $\|h_n\| = 1$, $Th_n = \frac{g_n}{\|f_n\|}$, e quindi sarà

$$Th_n = h_n - Kh_n \longrightarrow 0$$

Poichè K è completamente continua, dalla successione $\{Kh_n\}$ si può estrarre una sottosuccessione $\{Kh_{n_i}\}$ convergente ad un punto di $\mathfrak{N}_\nu$; di conseguenza, essendo $h_{n_i} - Kh_{n_i} \longrightarrow 0$, ($h_n, Kh_n \in \mathfrak{N}_\nu$), dovrà essere $h_{n_i} \longrightarrow h^* \in \mathfrak{N}_\nu$, e, per continuità,

$$Th_{n_i} \longrightarrow Th^* = 0$$

Ma $h^* \in \mathfrak{N}_\mu$, $Th^* = 0$, cioè $h^* = 0$. Questo risultato è in contraddizione con la condizione $\|h_{n_i}\| = 1$, che implica $\|h^*\| = 1$.

a) Caso $\nu = 0$. Se $\nu = 0$ lo spazio $\mathfrak{N}_\nu$ invade tutto L^2 (mentre $\mathfrak{M}_0 = 0$). In questo caso l'equazione

$$(I - K) f = g$$

ammette una ed una sola soluzione per ogni $g \in L^2$. In altre parole, l'equazione integrale è incondizionatamente risolubile se non esistono autosoluzioni.

Per la (2) si può scrivere inoltre

$$f = Zg,$$

dove Z è una trasformazione lineare di L^2.

Per ogni $g \in L^2$ si ha

$$TZg = g$$

e per ogni $f \in L^2$ si ha

$$ZTf = f \; ;$$

dunque $TZ = ZT = I$, cioè $Z = T^{-1} = (I - K)^{-1}$.

Esiste pertanto la <u>trasformazione inversa</u> di T (°)

b) <u>Caso</u> $\nu \geq 1$. <u>Anzitutto</u>, <u>l'equazione</u>

$$(I - K) f = g$$

<u>considerata nello spazio</u> N_ν, <u>ammette una ed una sola soluzione</u> f, <u>e risulta</u>

$$\|f\| \leq c\|g\| = c\|Tf\|$$

Osserviamo poi che se $f \in \mathfrak{N}_\nu$, allora $T^k f \in \mathfrak{N}_\nu$.

Ne segue

$$\|f\| \leq c\|g\| \leq c^2\|T^2 f\| \leq \ldots \leq c^\nu \|T^\nu f\|$$

Ciò per $f \in \mathfrak{N}_\nu$. Prendiamo ora una f qualunque, e decomponiamola nella somma

$$f = u + v \, ,$$

con $u \in \mathfrak{M}_\nu$, $v \in \mathfrak{N}_\nu$. Per v sarà, come abbiamo visto,

$$\|v\| \leq c^\nu \|T^\nu v\|$$

ma v, per definizione, è tale che

$$T^\nu f = T^\nu v$$

e quindi si ha

$$\|v\| \leq c^\nu \|T^\nu f\| \leq c^\nu \|T^\nu\| \cdot \|f\| = c_1 \|f\|$$

(°) E' noto che essa è <u>unica</u>. Infatti, sia Z_1 un'altra trasformazione tale che

$$TZ_1 = Z_1 T = I$$

Si ha allora

$$Z_1 = TZ_1 = Z_1 TZ = Z_1 T = Z$$

Si ha poi

$$u = f - v \,, \quad \|u\| \leq \|f\| + \|v\| \;; \quad \|u\| \leq c_2 \|f\|$$

Dunque, le due componenti u e v di f si generanò applicando ad f due trasformazioni P e Q omogenee, additive, limitate, cioè lineari; in simboli

$$\begin{cases} u = Pf \\ v = Qf \end{cases}$$

La trasformazione P coincide con l'identità su $\mathfrak{M}_\nu$ ed annulla gli elementi di $\mathfrak{N}_\nu$, mentre Q coincide con l'identità su $\mathfrak{N}_\nu$ ed annulla gli elementi di $\mathfrak{M}_\nu$, cioè

$$Pf = \begin{cases} f & \text{se } f \in \mathfrak{M}_\nu \\ 0 & \text{se } f \in \mathfrak{N}_\nu \end{cases}$$

$$Qf = \begin{cases} 0 & \text{se } f \in \mathfrak{M}_\nu \\ f & \text{se } f \in \mathfrak{N}_\nu \end{cases}$$

Diremo pertanto P e Q proiezioni dello spazio L^2 sulle direzioni $\mathfrak{M}_\nu$ ed $\mathfrak{N}_\nu$, secondo le direzioni $\mathfrak{N}_\nu$ ed $\mathfrak{M}_\nu$.

E' emmediato verificare che

$$P + Q = I$$

$$PQ = QP = 0$$

Dunque, in particolare, le trasformazioni P e Q sono permutabili.

Prendiamo ora in esame le due trasformazioni

$$\begin{cases} S = P\,K \\ R = Q\,K \end{cases}$$

Dimostriamo che P e Q sono permutabili anche con K, cioè che

$$\begin{cases} K\,P = S \\ K\,Q = R \end{cases}$$

Infatti K, come T, trasforma in se $\mathfrak{M}_\nu$ ed $\mathfrak{N}_\nu$; si conseguenza, posto $u_1 = K\,u$, risulta

$$PKf = PK(u+v) = P(Ku+Kv) = Pu_1 = u_1$$

$$KPf = Ku = u_1$$

e in modo analogo si procede per Q K.

Le trasformazioni R ed S sono completamente continue, come prodotti di due trasformazioni una delle quali, cioè K, è completamente continua. Inoltre S annulla i punti di $\mathfrak{N}_\nu$, mentre su $\mathfrak{M}_\nu$, che trasforma in se, coincide con K; analogamente R annulla i punti di $\mathfrak{M}_\nu$, mentre coincide con K su $\mathfrak{N}_\nu$, e lo trasforma in se.

Infine risulta

$$S + R = I \quad ,$$
$$R\,S = (K\,Q)(P\,K) = K\,(Q\,P)\,K = 0,$$
$$S\,R = (K\,P)(Q\,K) = K\,(P\,Q)\,K = 0\,.$$

In particolare, R ed S sono permutabili.

Si verifica allora immediatamente che per la trasformazione I - K vale la seguente decomposizione fondamentale:

$$(I-K) = (I-S)(I-R) = (I-R)(I-S)$$

7.- Ci proponiamo ora di analizzare R ed S.

Cominciamo col provare che $\lambda = 1$ non è autovalore per la trasformazione I - λ R.

Se così fosse, esisterebbe una $\varphi = R\,\varphi \neq 0$. Sarebbe allora

$$\varphi = KQ\varphi = K\varphi_1$$

con $\varphi_1 \in \mathfrak{N}_\nu$ e quindi $\varphi \in \mathfrak{N}_\nu$. Inoltre sarebbe

$$T\varphi = (I-K)\varphi = (I-S)(I-R)\varphi = 0,$$

e ciò è assurdo perchè $\varphi \in \mathfrak{N}_\nu$, $\varphi \neq 0$.

Ciò premesso, dimostriamo il seguente teorema.

Le autosoluzioni di I-K e di I-S coincidono.

In altre parole, la ricerca delle autosoluzioni dell'equazione integrale in studio è ricondotta alla ricerca delle autosoluzioni dell'equazione

$$(I - S)\varphi = 0$$

Che le autosoluzioni di I - S siano tali anche per I - K è evidente, ma è vero anche il contrario, poichè si può introdurre l'inversa di I - R, e si ha

$$(I - S) = (I - R)^{-1}(I - K)$$

La natura di S è completamente chiarita dal seguente teorema.

La trasformazione S è una trasformazione integrale con nucleo elementare.

Infatti, applicando S ad un punto arbitrario $f \in L^2$, si ottiene come si è visto un punto di $\mathfrak{M}_\nu$ ($Sf = KPf = Ku = u_1$); ma $\mathfrak{M}_\nu$ è una varietà lineare ad un numero finito ν di dimensioni, ed ogni suo punto può pertanto esprimersi come combinazione lineare delle funzioni di un sistema ortonormale finito, cioè a dire

$$Sf = c_1\varphi_1 + c_2\varphi_2 + \cdots + c_\nu\varphi_\nu ,$$

ove è

$$c_k = (Sf, \varphi_k) , \qquad (k = 1, 2, .., \nu)$$

Avendosi

$$|(Sf, \varphi_k)| \leq \|Sf\| \cdot \|\varphi_k\| = \|Sf\| \leq \|S\| \cdot \|f\| ,$$

(Sf, φ_k) è un funzionale lineare di f e quindi, per il teorema di Frechet-Riesz, detta ψ_k la corrispondente funzione generatrice, si può scrivere

$$(Sf, \varphi_k) = (f, \psi_k) = \int_a^b f(y)\,\overline{\psi}_k(y)\,dy \,.$$

Ne segue

$$Sf = \sum_1^r {}_k\, \varphi_k(x) \int_a^b f(y)\,\overline{\psi}_k(y)\,dy = \int_a^b S(x\,y)\, f(y)\,dy,$$

e il nucleo

$$S(x\,y) = \sum_1^r {}_k\, \varphi_k(x)\,\overline{\psi}_k(y)$$

è appunto elementare.

Infine, poichè si ha

$$Rf = (K - S)f = \int_a^b \big(K(x,y) - S(x,y)\big) f(y)\,dy \,,$$

<u>anche la trasformazione</u> R <u>è una trasformazione integrale, che viene generata dal nucleo</u>

$$R(x,y) = K(x,y) - S(x,y) \,.$$

Come conseguenza del teorema dimostrato alla fine del I Capitolo, si ha che <u>le due trasformazioni integrali</u> S <u>e</u> R <u>sono univocamente determinate dalla condizione di trasformare i punti</u> f <u>di</u> L^2 <u>in punti</u> u <u>e</u> v <u>di</u> $\mathfrak{m}_\nu$ <u>ed</u> $\mathfrak{n}_\nu$ <u>rispettivamente</u>.

Infatti supponiamo che per un'altra decomposizione

$$K = S' + R',$$

ove S' ed R' sono nuclei integrali, risulti, preso comunque $f \in L^2$

$$S'f = u' \in \mathfrak{m}_\nu \qquad R'f = v' \in \mathfrak{n}_\nu$$

E' allora

$$K f = u' + v'$$

e inoltre

$$K f = u + v .$$

Poichè $K f \in L^2$, la decomposizione secondo le direzioni $\mathfrak{M}_\nu$ ed $\mathfrak{N}_\nu$ è unica; risulta perciò $u = u'$, $v = v'$.
D'altra parte S ed S', R ed R', sono trasformazioni integrali, e quindi, per il teorema sopra ricordato, in L^2, sarà $S(x,y) = S'(x,y)$, $R(x,y) = R'(x,y)$.

8.- Si dice nucleo aggiunto del nucleo K(x,y) il nucleo

$$K^*(x,y) = \overline{K(x,y)}$$

coniugato del trasporto di K(x,y). Evidentemente vi è reciprocità tra K e K^*.
Eseguiamo ora la decomposizione

$$T f = (I - R)(I - S) f ,$$

e consideriamo i nuclei

$$S^*(x,y) = \overline{S(x,y)}$$

$$R^*(x,y) = \overline{R(x,y)}$$

Si verifica facilmente che

$$S^* + R^* = K^*$$

$$R^* S^* = S^* R^* = 0$$

Basti osservare che si ha $S R f = R S f = 0$ per ogni f, il che implica

$$\int_a^b S(x,z)\,dz \int_a^b R(z,y) f(y)\,dy = \int_a^b f(y)\,dy \int_a^b S(x,z) R(z,y)\,dz = 0$$

$$\int R(x,z)\,dz \int S(z,y) f(y)\,dy = \int f(y)\,dy \int R(x,z) S(z,y)\,dz = 0$$

cioè

$$\int_a^b S(x,z)R(z,y)\,dz = 0 \quad , \quad \int_a^b R(x,z)\,S(z,y)\,dz = 0$$

nel quadrato fondamentale di vertici opposti (a,a), (b,b).
Ma allora è anche

$$\int_a^b S^*(x,z)\,R^*(z,y)\,dz = \int_a^b \overline{S(z,x)}\;\overline{R(y,z)}\,dz = \overline{\int_a^b R(y,z)\,S(z,x)\,dz} = 0$$

$$\int_a^b R^*(x,z)\,S^*(z,y)\,dz = \int_a^b \overline{R(z,x)}\;\overline{S(y,z)}\,dz = \overline{\int_a^b S(y,z)\,R(z,x)\,dz} = 0$$

da cui $R^*S^*f = S^*R^*f = 0$ per ogni $f \in L^2$.

Pertanto può scriversi

$$T^*f = (I-R^*)(I-S^*)f = (I-S^*)(I-R^*)f,$$

dove S è elementare.

Ciò premesso, l'alternativa di Fredholm consiste nel seguente

Teorema. O le due equazioni integrali

$$Tf = (I-K)f = g \quad , \quad T^*f' = (I-K^*)f' = g'$$

ammettono entrambe una ed una sola soluzione, comunque si assegnino le funzioni g e g' (in particolare solo la soluzione nulla se g e g' sono nulle), oppure le due equazioni omogenee

$$(I-K)f = 0 \quad , \quad (I-K^*)f' = 0$$

ammettono entrambe una varietà lineare di soluzioni, e le due varietà hanno lo stesso numero finito e non nullo di dimensioni.

In questo secondo caso, condizione necessaria e sufficiente perchè l'equazione $(I-K)f = g$

ammetta soluzioni, è che g sia ortogonale a tutte le soluzioni dell'equazione

$$(I - K) f' = 0,$$

e viceversa.

La tesi è ben nota per i nuclei elementari; in tal caso si riduce in sostanza al teorema di Rouché, e ne presupponiamo la conoscenza.

Trattiamo dunque senz'altro del caso generale, e cominciamo col provare che se $T f = 0$ ha autosoluzioni, (cioè $\nu \geq 1$), anche $T^* f = 0$ ne ha, e viceversa.

Se f è autosoluzione di $T f = 0$, è anche autosoluzione relativa al nucleo elementare $S (x,y)$.

Di conseguenza, e ciò è teoria notissima, anche il nucleo aggiunto $S^* (x,y)$, che è elementare, ammette una autosoluzione: sia f! Poichè $T^* f' = (I - R^*)(I-S^*) f'$, sarà anche $T^* f' = 0$, con che la tesi è provata. L'inverso segue infatti dall'essere $(K^*)^* = K$.

Dunque se $\lambda = 1$ non è autovalore per K non lo è per K^*, e viceversa.

Poichè $\lambda = 1$ non è autovalore per R, non lo è per R^*, e le due equazioni

$$T f = 0, \qquad T^* f' = 0,$$

hanno le stesse soluzioni di

$$(I - S) f = 0 \quad , \quad (I - S^*) f' = 0$$

cioè si hanno due varietà lineari di soluzioni con il medesimo numero finito e non nullo di dimensioni.

Sia ora $\lambda = 1$ autovalore per K e quindi per K^*. L'equazione non omogenea

$$T f = g,$$

posto $(I - R) f = f_1$ è equivalente (poichè $\lambda=1$ non è auto valore per R), all'equazione

$$(I - S) f_1 = g ,$$

e affinchè questa, che è a nucleo elementare, abbia soluzioni, occorre e basta che g sia ortogonale alle autosoluzioni dell'equazione aggiunta

$$(I - S^*) f' = 0$$

le quali coincidono con le autosoluzioni di

$$(I - K^*) f' = 0,$$

poichè $\lambda = 1$ non è autovalore per R^*.
In modo analogo si prova il reciproco.

CAP. III.

APPLICAZIONE DEL TEOREMA DI HAHN ALLA RISOLUZIONE DEL PROBLEMA DI DIRICHELET

1.- Consideriamo lo spazio C delle funzioni f(x) continue in un assegnato intervallo $a \vdash\!\dashv b$, con

$$\|f\| = \max_{a \le x \le b} |f(x)|$$

Riesz ha dimostrato che in C i funzionali lineari sono suscettibili della rappresentazione integrale (nel senso di Stieltjes)

$$Af = \int_a^b f(x)\, d\upsilon$$

dove $\upsilon(x)$ è a variazione limitata. Possiamo supporre che in ogni punto x_0 interno ad $a \vdash\!\dashv b$ sia $\upsilon(x_0-) \le \upsilon(x_0) \le \upsilon(x_0+)$.

Nello spazio C vale inoltre il teorema di Hahn, (lo abbiamo dimostrato per lo spazio L^2 nel n.8 del capitolo I), che afferma l'esistenza di un funzionale lineare nullo su tutto un assegnato sottospazio proprio di C, ma non identicamente nullo in C.

I due risultati precedenti sono stati applicati da Miranda, alla risoluzione del problema di Dirichelet (°). Il metodo vale anche per il problema esterno e per un numero qualunque di dimensioni; qui ci limiteremo a trattare il caso di due variabili. Sia dunque

$$\begin{cases} \Delta_2 u = 0 & \text{in } D - S \\ u = f & \text{su } S \end{cases}$$

dove D è un dominio piano limitato, avente per frontiera una linea S che supporremo dotata in ogni punto di tangente e curvatura continua, ed f è una funzione continua ar-

(°) Mem. Acc. Lincei, 1947.

bitraria, definita su S. Detta s l'ascissa curvilinea, misurata a partire da un punto O di S, sarà $0 \leq s \leq l$.
La totalità delle $f \in G$ che su S coincidono con i valori delle funzioni armoniche nello insieme aperto $D - S$ e continue in D, costituiscono un sottospazio G_1 di G.
Infatti, che G_1 sia una varietà lineare è evidente; che sia chiuso risulta dal teorema: se $f_m = (u_m)_S$ e se $\lim_{m\to\infty} f_m = f$, uniformemente su S, risulta allora uniformemente in D, $\lim_{m\to\infty} u_m = u$, con u armonica su D - S, continua in D.
Ci proponiamo di dimostrare che $G_1 \equiv G$. Per il teorema di Hahn, ciò equivale a dimostrare che ogni funzionale lineare nullo su G_1 è necessariamente nullo anche su G.

2.- Sia

$$Af = \int_S f(M)\, d\mu \tag{1}$$

un funzionale lineare tale che se $f \in G_1$ risulti $Af = 0$.
Nella (1) M è un punto di S.
a) Se P è un punto esterno a D, per la soluzione fondamentale $\log \overline{MP}$ sarà

$$u(P) = \int_S \log \overline{MP}\, d\mu = 0 \tag{2}$$

Questo implica la continuità di μ. Infatti, ammettiamo che in un punto $M_0 = s_0$ sia

$$\mu(s_0+) - \mu(s_0-) = h \neq 0$$

Allora si può scrivere

$$\mu(s) = u(s) + v(s)$$

con $u(s)$ continua in s_0, $v(s) = 0$ per $s \leq s_0$, $v(s) = h$ per $s > s_0$. Ne segue

$$\int_S \log \overline{MP}\, d\mu = \int_S \log \overline{MP}\, du + h \log \overline{M_0P}.$$

Consideriamo ora su S un intorno σ di M_0 e riferiamolo ad assi x, y coincidenti con la tangente e la normale esterna in M_0. Allora σ_1, (eventualmente rimpicciolito), avrà equazione $y = y(x)$ con $-a_1 \le x \le a_1$, e in questo intervallo sarà

$$|y(x)| \le k x^2$$

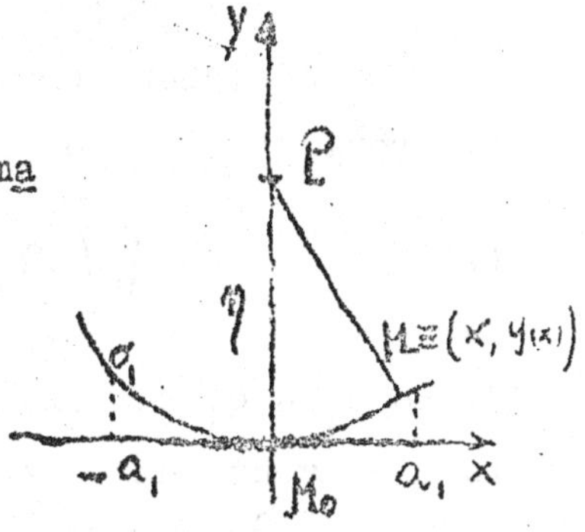

Sia $P = (0, \eta)$ un punto sulla normale esterna; potremo supporre $2\eta K < 1$, e supporre che sia $\overline{MP} < 1$ su tutto σ_1, essendo $M = (x, y(x))$ un punto generico di σ_1.

Ne segue

$$\overline{MP}^2 = (\eta - y(x))^2 + x^2 = \eta^2 + y^2 + x^2 - 2\eta y(x) \ge$$

$$\ge \eta^2 + x^2(1 - 2\eta K) \ge \eta^2 = \overline{M_0P}^2$$

Si ha allora, per ogni arco σ contenuto in σ_1,

$$(3) \qquad \left| \int_\sigma \log \overline{MP}\, du \right| = \left| \int_\sigma \log \frac{1}{\overline{MP}}\, du \right| \le$$

$$\le \left| \log \frac{1}{\overline{M_0P}} \right| \int_\sigma |du| \le \left| \frac{h}{2} \log \overline{M_0P} \right| ,$$

se si prende σ abbastanza piccolo.

D'altra parte si può scrivere

$$\int_S \log \overline{MP}\, d\mu = \int_{S-\sigma} \log \overline{MP}\, d\mu + \int_\sigma \log \overline{MP}\, d\mu + h \log \overline{M_0 P},$$

e da questa, tenendo conto della (3), segue (facendo tendere P a M_0 sulla normale),

$$\lim_{P \to M_0} U(P) = \infty$$

in contraddizione con la (2).

b) <u>Proviamo che preso un punto Q interno a D si ha</u>

(4) $$W(Q) = \int_S \log \overline{MQ}\, d\mu = 0$$

Siamo P_ρ e Q_ρ due punti della normale ad S in un suo punto M_0, aventi da M_0 egual distanza ρ. Nelle nostre ipotesi, per $0 \leq \rho \leq \rho_0$ essi descrivono, al variare di M_0, due linee chiuse e semplici S'_ρ ed S''_ρ.

Risulta inoltre, con calcolo analogo a quello svolto in a), che per $0 \leq \rho \leq \rho_0$, $M \in S$, si ha

$$0 < \ell_1 \leq \frac{\overline{MP_\rho}}{\overline{MQ_\rho}} \leq \ell_2$$

dove ℓ_1, ed ℓ_2 sono due costanti <u>indipendenti</u> da ρ.

Ne segue

$$\left| \log \overline{MP_\rho} - \log \overline{MQ_\rho} \right| \leq L$$

Si ha allora

$$\left| \int_S \log \overline{MQ_\rho}\, d\mu \right| = \left| \int_S (\log \overline{MQ_\rho} - \log \overline{MP_\rho})\, d\mu \right| \leq$$

$$\leq \int_\sigma \left| \log \overline{MQ_\rho} - \log \overline{MP_\rho} \right| \cdot |d\mu| + \left| \int_{S-\sigma} (\log \overline{MQ_\rho} - \log \overline{MP_\rho})\, d\mu \right|$$

$$\leq L \int_\sigma |d\mu| + \left| \int_{S-\sigma} (\log \overline{MQ_\rho} - \log \overline{MP_\rho})\, d\mu \right|.$$

Fissiamo un numero $\varepsilon > 0$. Il primo addendo, scegliendo convenientemente la lunghezza di σ, può rendersi minore di $\frac{\varepsilon}{2}$; il secondo, essendo fissato σ, diviene minore di $\varepsilon/2$ scegliendo convenientemente ρ_0. Per $0 < \rho \leq \rho_0$ è pertanto $|W(Q_\rho)| < \varepsilon$. Per l'armonicità, si ha allora $|W(Q)| \leq \varepsilon$ anche nei punti Q interni a S_ρ. La (4) è così provata.

c) Sia σ un qualunque arco di S; consideriamo il quadrilatero curvilineo della figura.

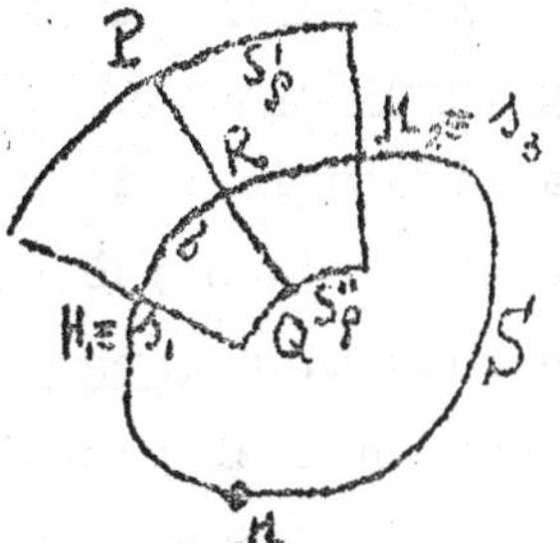

Risulta

$$\int_S \left(\frac{\partial U(P)}{\partial n_R} - \frac{\partial W(Q)}{\partial n_R} \right) ds_R =$$

$$= \int_s ds_R \int_S \left(\frac{\partial \log \overline{MP}}{\partial n_R} - \frac{\partial \log \overline{MQ}}{\partial n_R} \right) d\mu = 0$$

Ora, per $\rho \to 0$, nei punti M interni all'arco σ l'integrale interno tende al valore 2π, mentre tende a zero nei punti esterni. Al limite si ha dunque

$$2\pi \int_\sigma d\mu = 0,$$

cioè $\mu(s_2) - \mu(s_1) = 0$. <u>Dunque μ è costante.</u>

Ne deduciamo <u>che per ogni</u> $f \in C$ <u>si ha</u>

$$\int_S f(M)\, d\mu = 0$$

CAP. IV

IL PUNTO DI VISTA ANALITICO NELLA RISOLUZIONE DEL PROBLEMA DI DIRICHELET

1.- La teoria delle equazioni lineari a derivate parziali si svolge, di solito, con criteri nettamente distinti per i due tipi iperbolico ed ellittico. Mentre infatti per le equazioni di tipo iperbolico la considerazione della varietà caratteristiche, reali, si presenta spontaneamente nella risuluzione di varî problemi, come il problema di Cauchy, lo stesso non può dirsi per le equazioni di tipo ellittico. In queste, a caratteristiche complesse, il problema di Cauchy non si considera quasi mai e i tipici problemi al contorno, come il problema di Dirichelet o il problema di Neumann, vengono trattati nel campo reale.
D'altra parte nel campo analitico le equazioni di tipo iperbolico e di tipo ellittico coincidono, e per esse, come per tutte le equazioni differenziali, il problema di Cauchy si presenta come il problema centrale. Può perciò interessare di stabilire come dalla soluzione del problema di Cauchy si possa, almeno in alcuni casi, passare alla soluzione del problema di Dirichelet.
Ciò premesso, consideriamo l'equazione

$$(1) \qquad \Delta_2 u = 0$$

e indichiamo con S una linea analitica chiusa e semplice, con D il dominio limitato avente S come frontiera.
Per l'equazione (1) il problema di Cauchy consiste nella determinazione di un integrale $u(x,y)$, noti i valori u_S e $\left(\frac{\partial u}{\partial n}\right)_S$ che questo e la sua derivata normale as-

sumono su S. La soluzione esiste ed è unica se su S i dati sono funzioni analitiche, e risulta funzione olomorfa di (x,y) in un conveniente intorno di S. Presenta però, in generale, delle singolarità in alcuni punti interni a D, che si possono ben precisare.

Per risolvere il problema di Dirichelet occorrerà allora, fissato u_S, determinare i valori della derivata normale $\left(\frac{\partial u}{\partial n}\right)_S$ in modo che la corrispondente soluzione del problema di Cauchy sia prolungabile in tutto D.

Questa impostazione è dovuta al Fantappié, il quale la ha collegata alla sua teoria dei funzionali analitici e la ha utilizzata per dedurre rapidamente la formula risolutiva di Poisson nel caso del cerchio(°). Noi esporremo, nelle linee essenziali, una trattazione dovuta all'Autore, concernente il caso generale.(°°).

2.- Assumeremo per S la rappresentazione parametrica

$$(2) \qquad \begin{cases} Z = \alpha(\tau) + i\beta(\tau) = \varphi(\tau) \\ \bar{Z} = \alpha(\tau) - i\beta(\tau) = \psi(\tau) \end{cases}$$

dove $Z = X + iY$, $\bar{Z} = X - iY$, e la variabile complessa τ descrive nel suo piano la circonferenza $|\tau| = 1$, ove sono olomorfe $\varphi(\tau)$ e $\psi(\tau)$. Supporremo che mentre τ descrive la circonferenza $|\tau| = 1$ in senso positivo, il corrispondente punto (x,y) descriva S in senso positivo (lasciando cioè a sinistra l'area interna D).

Posto $z = x + iy$, $\bar{z} = x - iy$, spicchiamo dal punto (x,y) interno a D le due rette isotrope $z = Z$, $\bar{z} = \bar{Z}$, caratteristiche dell'equazione di Laplace.

Queste incontreranno S in punti corrispondenti ai valori di τ radici rispettivamente delle equazioni

$$(3) \qquad z = \varphi(\tau) \quad , \quad \bar{z} = \psi(\tau)$$

(°) Boll. Un. Mat. It. 1941.

(°°) Mem. R. Acc. It. 1943.

Consideriamo la prima di queste. Se supponiamo $\varphi'(\tau)\neq 0$ per $|\tau| = 1$, la prima equazione è univocamente risolubile rispetto a τ in un intorno conveniente J della circonferenza $|\tau| = 1$ e la soluzione

$$\tau = f(z)$$

è olomorfa in tutto un intorno L della linea S.
Inoltre nei punti di L interni ad S risulta

$$|f(z)| < 1$$

Allo stesso modo, considerando la seconda delle (3), si trova la soluzione

$$\tau = g(\bar z)$$

e risulta

$$g(\bar z) = \frac{1}{\overline{f(z)}}$$

Perciò, nei punti di L interni ad S risulta

$$|g(\bar z)| > 1$$

Ciò premesso, osserviamo che l'equazione (1) può scriversi anche nella forma $\dfrac{\partial^2 u}{\partial z\, \partial \bar z} = 0$

<u>la soluzione del problema di Cauchy, in un conveniente intorno di S, è data allora dalla formula</u>

$$(4)\quad u(xy) = \frac{1}{2}\left\{U[g(\bar z)] + U[f(z)]\right\} + \frac{1}{2}\left\{\omega[g(\bar z)] - \omega[f(z)]\right\},$$

dove si è posto

$$\omega(\tau) = i\int U_n(\tau)\sqrt{\varphi'(\tau)\,\psi'(\tau)}\; d\tau ,$$

e le funzioni

$$U(\tau) = u_S \quad , \quad U_n(\tau) = \left(\frac{\partial u}{\partial n}\right)_S$$

sono olomorfe per $|\tau| = 1$.

Per risolvere il problema di Dirichelet relativo al dominio D dobbiamo perciò determinare la $\omega(\tau)$ in modo che la corrispondente $u(x,y)$ sia armonica in tutto D.

3.- Cominceremo col supporre che S sia la circonferenza $x^2 + y^2 = R^2$. Si ha allora

$$\varphi(\tau) = R\tau \quad , \quad \psi(\tau) = R\tau^{-1}$$

(5)
$$f(z) = \frac{z}{R} \quad , \quad g(\bar{z}) = \frac{R}{\bar{z}}$$

Posto poi

$$U(\tau) = \sum_{-\infty}^{\infty} c_n \tau^n = \sum_0^{\infty} c_n \tau^n + \sum_1^{\infty} c_{-n} \tau^{-n} = U_1(\tau) + U_2(\tau)$$

(sicchè $U_1(\tau)$ sarà olomorfa per $|\tau| \leq 1$, $U_2(\tau)$ per $|\tau| \geq 1$

la (4) diventa

$$u(x\,y) = \frac{1}{2}\left\{U_1[f(z)] + U_2[g(\bar{z})]\right\} +$$

$$+ \frac{1}{2}\left\{U_1[g(\bar{z})] + U_2[f(z)]\right\} + \frac{1}{2}\left\{\omega[g(\bar{z})] - \omega[f(z)]\right\}.$$

Dalle (5) segue allora

(6)
$$u(x\,y) = \frac{1}{2}\left\{U_1\left(\frac{z}{R}\right) + U_2\left(\frac{R}{\bar{z}}\right)\right\} +$$

$$+ \frac{1}{2}\left\{U_1\left(\frac{R}{\bar{z}}\right) + U_2\left(\frac{z}{R}\right)\right\} + \frac{1}{2}\left\{\omega\left(\frac{R}{\bar{z}}\right) - \omega\left(\frac{z}{R}\right)\right\},$$

dove il primo dei termini che figurano a secondo membro è funzione armonica in D, mentre non lo è, in generale, il secondo, poichè in esso U_1 ed U_2 risultano calcolati per valori della variabile rispettivamente > 1 e < 1 in modulo. Perchè anche la somma

$$(7)\qquad \frac{1}{2}\left\{U_1\left(\frac{R}{\bar z}\right)+U_2\left(\frac{z}{R}\right)\right\}+\frac{1}{2}\left\{\omega\left(\frac{R}{\bar z}\right)-\omega\left(\frac{z}{R}\right)\right\}$$

sia armonica in tutto D basta però porre

$$\omega(\tau)=-U_1(\tau)+U_2(\tau)\ ;$$

con ciò la somma (7) diviene

$$\frac{1}{2}\left\{U_2\left(\frac{R}{\bar z}\right)+U_1\left(\frac{z}{R}\right)\right\}$$

Dalla (6) segue allora <u>la formula risolutiva</u>

$$U(x,y)=U_1\left(\frac{z}{R}\right)+U_2\left(\frac{R}{\bar z}\right)$$

Si ha poi, per la formula di Cauchy,

$$U_1\left(\frac{z}{R}\right)=\frac{1}{2\pi i}\int_{|\tau|=1}\frac{U_1(\tau)}{\tau-z/R}\,d\tau=\frac{1}{2\pi i}\int_{|\tau|=1}\frac{U(\tau)}{\tau-z/R}\,d\tau,$$

poichè

$$\frac{U_2(\tau)}{\tau-z/R}$$

è l'olomorfa per $|\tau|\geqslant 1$, ed è nulla all'infinito del secondo ordine almeno. Analogamente si ricava

$$U_2\left(\frac{R}{\bar z}\right)=-\frac{1}{2\pi i}\int_{|\tau|=1}\frac{U_2(\tau)}{\tau-R/\bar z}\,d\tau=-\frac{1}{2\pi i}\int_{|\tau|=1}\frac{U(\tau)}{\tau-R/\bar z}\,d\tau\,.$$

Ne segue <u>la formula di Poisson</u>

$$U(x,y)=\frac{1}{2\pi i}\int_{|\tau|=1}U(\tau)\left\{\frac{1}{\tau-z/R}-\frac{1}{\tau-R/\bar z}\right\}d\tau$$

4.- Se vogliamo estendere il procedimento precedente ad altri contorni dobbiamo osservare che le funzioni $f(\bar z)$ e $g(\bar z)$ presentano, in generale, <u>dei punti di diramazione</u> in corrispondenza dei <u>fuochi</u> di S.

Sono tali singolarità, non presenti nel caso del cerchio, che rendono difficile la determinazione di $\omega(\tau)$ nel caso generale.

Occupiamoci dapprima di questa determinazione nel caso dell'ellisse, di equazioni parametriche

$$\begin{cases} z = A\tau + B\tau^{-1} \\ \bar{z} = A\tau^{-1} + B\tau \end{cases}$$

con $|\tau| = 1$, $A > B > 0$.

Detti a e b i semiassi di S, c la distanza focale, svolgendo i calcoli si trova

$$f(z) = \frac{z + \sqrt{z^2 - c^2}}{a+b} \quad , \quad g(\bar{z}) = \frac{\bar{z} - \sqrt{\bar{z}^2 - c^2}}{a-b}$$

Le funzioni $f(z)$, $g(\bar{z})$ hanno dei punti di diramazione in $z = \bar{z} = \pm c$, mentre sono olomorfe nella regione $D - \ell$, dove ℓ è il segmento $-c \vdash\!\!\dashv c$.

Inoltre si ha $|f(z)| = |g(\bar{z})| = 1$ quando il punto (x,y) è su S, mentre risulta $|f(z)| < 1$, $|g(\bar{z})| > 1$ in tutti i punti interni a $D - \ell$.

Per risolvere il problema di Dirichelet, determinando la funzione $\omega(\tau)$, cominciamo con l'osservare che risulta

$$u(\tau) = \sum_{-\infty}^{\infty}{}_n c_n\tau^n = c_0 + \sum_1^{\infty}{}_n c_n\tau^n + \sum_1^{\infty}{}_n c_{-n}\tau^{-n} = c_0 + u_1(\tau) + u_2(\tau),$$

con $u_1(\tau)$ olomorfa per $|\tau| \leq 1$, $u_2(\tau)$ olomorfa per $|\tau| \geq 1$.

Perciò la soluzione $u(x,y)$ è somma delle tre soluzioni u_0, u_1, u_2 che si ottengono in corrispondenza dei valori al contorno c_0, u_1, u_2.

Nel primo caso, posto $\omega(\tau) = K$, con la costante arbitraria, si ricava dalla (4)

$$u_0(x,y) = c_0$$

Nel secondo caso risulta

$$u_1(xy) = \frac{1}{2}\left[U_1[g(\bar{z})] + U_1[f(z)] + \frac{1}{2}\left[\omega[g(\bar{z})] - \omega[f(z)]\right],\right.$$

e $U_1[f(z)]$ è olomorfa in tutti i punti di D - ℓ, mentre non lo è, in generale, $U_1[g(\bar{z})]$, perchè $|g(\bar{z})| > 1$.

Poniamo perciò

$$\omega[g(\bar{z})] = -U_1[g(\bar{z})] + \omega_1[g(\bar{z})],$$

da cui segue

$$u_1(xy) = U_1[f(z)] + \frac{1}{2}\left\{\omega_1[g(\bar{z})] - \omega_1[f(z)]\right\}.$$

Ora la funzione $U_1[f(z)]$ presenta delle singolarità per $z = \pm c$. Per eliminarle, cominciamo con l'osservare che, introdotta l'altra radice $f_1(z)$ dell'equazione $z = \varphi(\tau)$:

$$f_1(z) = \frac{z - \sqrt{z^2 - c^2}}{a+b}$$

e posto $q = \frac{B}{A}$, risulta $f_1 = \frac{q}{f}$; nei punti di S è quindi $|f_1| = q < 1$. Nei punti di ℓ risulta poi $|f_1| = \sqrt{q} < 1$, tenendo presente che ivi

$$|f(z)| = \sqrt{\frac{a-b}{a+b}}$$

Perciò si ha $|f_1(z)| < 1$ in tutto D - ℓ e la funzione

$$U_1(f) + U_1(f_1),$$

simmetrica nelle due radici f ed f_1, è olomorfa in tutto D.

Poniamo allora

$$\frac{1}{2}\omega_1(f) = -U_1(f_1) + \frac{1}{2}\omega_2(f) = -U_1\left(\frac{q}{f}\right) + \frac{1}{2}\omega_2(f),$$

da cui

$$u_1(xy) = \left\{ U_1(f) + U_1(f_1) \right\} - U_1\left(\frac{q}{g}\right) + \frac{1}{2}\left\{ \omega_2(g) - \omega_2(f) \right\}$$

Essendo $|g| > 1$, la $U_1\left(\frac{q}{g}\right)$ ha delle singolarità solo per $\bar{z} = \pm c$. Indicata con $g_1(\bar{z})$ l'altra radice dell'equazione $\bar{z} = \psi(\tau)$:

$$g_1(\bar{z}) = \frac{\bar{z} + \sqrt{\bar{z}^2 - c^2}}{a-b} \qquad \left(g_1(\bar{z}) = \frac{1}{q\, g(\bar{z})} \right),$$

si trova poi, in tutto $D - \ell$,

$$|g_1(\bar{z})| = \frac{1}{|f_1(z)|} > 1$$

Perciò la funzione simmetrica

$$U_1\left(\frac{q}{g}\right) + U_1\left(\frac{q}{g_1}\right)$$

è olomorfa in tutto D.

Poniamo allora

$$\frac{1}{2}\omega_2(g) = -U_1\left(\frac{q}{g_1}\right) + \frac{1}{2}\omega_3(g) = -U_1(q^2 g) + \frac{1}{2}\omega_3(g)$$

da cui segue

$$u_1(xy) = \left\{ U_1(f) + U_1(f_1) \right\} - \left\{ U_1\left(\frac{q}{g}\right) + U_1\left(\frac{q}{g_1}\right) \right\} +$$
$$+ U_1(q^2 f) + \frac{1}{2}\left\{ \omega_3(g) - \omega_3(f) \right\}.$$

Così proseguendo si ottiene, formalmente la serie di funzioni armoniche in tutto D

$$(8) \qquad \sum_0^\infty {}_n \left\{ U_1(q^{2n} f) + U_1(q^{2n} f_1) - U_1\left(\frac{q^{2n+1}}{g}\right) - U_1\left(\frac{q^{2n+1}}{g_1}\right) \right\}.$$

Osservando che, per $|\tau| \leq 1$, è $|U_1(\tau)| \leq M|\tau|$, segue che la serie (8) converge uniformemente e assolutamente in tutto D. Inoltre su S, avendosi $f = g = \tau$ (con $|\tau| = 1$), $f_1 = \frac{q}{\tau}$, $g_1 = \frac{1}{q\tau}$, si constata immediatamente che la serie vale $U_1(\tau)$.

Dunque $u_1(x,y)$ sarà dato dalla somma della serie (8).

In modo del tutto analogo, partendo dalla funzione $U_2(\tau)$, si ottiene la soluzione

$$(9)\quad u_2(x,y) = \sum_{0}^{\infty}{}_{n} \left\{ U_2\left(\frac{q}{q^{2n}}\right) + U_2\left(\frac{q_1}{q^{2n}}\right) - U_2\left(\frac{1}{q^{2n+1} f}\right) - U_2\left(\frac{1}{q^{2n+1} f_1}\right) \right\},$$

Si noti infine che se supponiamo le $U_1(\tau)$, $U_2(\tau)$ solamente continue per $|\tau| = 1$, le serie (8) e (9) continuano a rappresentare la soluzione del problema di Dirichelet, perchè tutti i termini che in esse compaiono, esclusi $U_1(f)$ e $U_2(g)$, sono olomorfi anche nei punti di S. Perciò l'analicità di $U(\tau)$, necessaria per risolvere il problema di Cauchy, non lo è più quando si passi al problema di Dirichelet, il che è ben noto.

5.- Si ottiene una notevole classe di contorni

$$(2)\quad \begin{cases} Z = \varphi(\tau) \\ \bar{Z} = \psi(\tau) \end{cases} \qquad (|\tau| = 1)$$

considerando funzioni $\varphi(\tau)$ e $\psi(\tau)$ razionali e tali, naturalmente, da soddisfare le ipotesi poste nel n. 2.

Studiamo brevemente, in questo caso, le funzioni algebriche

$$\begin{cases} \tau = \tau_1(z) \\ \tau = \tau_2(\bar{z}) \end{cases}$$

definite rispettivamente dalle equazioni

$$(3)\quad \begin{cases} z = \varphi(\tau) \\ \bar{z} = \psi(\tau) \end{cases}$$

Considerando ad esempio la prima di queste equazioni, si ha

$$z = \varphi(\tau) = \frac{P(\tau)}{R(\tau)} \quad ,$$

dove i polinomi $P(\tau)$ ed $R(\tau)$ sono primi tra loro.
Poichè $\varphi(\tau)$ è olomorfa per $|\tau| = 1$, le radici di $R(\tau)$ avranno moduli $\neq 1$.
Inoltre si ha $\varphi'(\tau) \neq 0$ per $|\tau| = 1$ e quindi $\varphi'(\tau) \neq 0$ in un intorno T di $|\tau| = 1$. Dunque l'equazione

$$P(\tau) - z\, R(\tau) = 0 \tag{10}$$

ha una radice, diciamola $f(z)$, che ha modulo unitario quando z è sul contorno S e stabilisce una corrispondenza conforme tra i punti di T e i punti di un intorno J della curva S. Inoltre S è descritta in senso positivo dal punto $z = \varphi(\tau)$ quando il punto τ descrive in senso positivo la circonferenza $|\tau| = 1$, e quindi $|f(z)| < 1$ nei punti di J interni ad S, $|f(z)| > 1$ nei punti di J esterni ad S.
Se il grado dell'equazione (10) è N+1, fissato un punto Z_0 di S, per $z = Z_0$ questa equazione, oltre alla radice $f(Z_0)$, ammette N radici $f_1(Z_0) \dots f_N(Z_0)$.
Di queste, una parte ha modulo < 1, l'altra ha modulo > 1, cioè $|f_i(z_0)| \neq 1$ per $i = 1, 2, \dots N$.
Basta osservare infatti che se fosse $|f_k(z_0)| = 1$, il punto τ, nel descrivere la circonferenza $|\tau| = 1$, assumerebbe i due valori $f(Z_0)$, $f_k(Z_0)$ (distinti perchè la radice $f(Z_0)$ è semplice) e quindi il punto $Z_0 = \varphi(f(Z_0)) = \varphi(f_k(Z_0))$ sarebbe doppio per S, ciò che è assurdo.
Considerata poi la funzione algebrica a N+1 rami $\tau = \tau_1(z)$ possiamo distenderne i valori in N+1 fogli, convenendo di prolungare i vari rami a partire dai valori assunti in un punto Z_1 di S, non critico per la $\tau_1(z)$, e quindi tale che per $z = Z_1$, le radici della (10) siano tutte distinte.

Considerando i punti critici di $\tau_1(z)$, possiamo rendere ogni ramo di essa monodromo in tutto il piano z, eseguendo degli opportuni tagli che vadano da un punto z' (lo stesso per tutti i rami) interno ad S e non critico per $\tau_1(z)$, ai punti critivi interni ad S, dai punti critici non interni ad S a un punto non critico z'' esterno ad S e infine effettuando un taglio da z' a z''. Quest'ultimo taglio non lo eseguiremo nel foglio corrispondente a $f(z)$ poichè quando il punto z descrive la curva S il ramo $f(z)$ non si permuta con altri rami.

Nel punto Z_1 tutti i rami sono distinti e tutte le radici $f_i(Z_1)$ hanno modulo $\neq 1$.

Siano $f_1(Z_1),\ldots f_K(Z_1)$ quelle che hanno modulo < 1, $f_{K+1}(Z_1),\ldots,f_N(Z_1)$ quelle che hanno modulo > 1.

Dimostriamo che in tutto il piano z risulta, per $i = 1,2,\ldots K$, $|f_i(z)| < 1$, e per $i = K+1,\ldots N$, $|f_i(z)| > 1$.

Infatti supponiamo che in un punto z_0 risulti, per una $f_j(z)$ del primo gruppo, $|f_j(z_0)| \geq 1$; siccome è $|f_j(Z_1)| < 1$, esiste allora un punto z_1 nel quale è $|f_j(z_1)| = 1$, e per la relazione

$$z_1 = \varphi\left(f_j(z_1)\right)$$

z_1 è un punto di S. Ma, per quanto si è osservato precedentemente, questo è assurdo perchè la radice $f(z)$ è semplice nei punti di S e la curva S è semplice. Allo stesso modo si ragiona per una $f_j(z)$ del secondo gruppo.

Dimostriamo ora che si ha $|f(z)| < 1$ internamente ad S, $|f(z)| > 1$ all'esterno di S. Infatti queste disuguaglianze sono verificate nei punti di un intorno J di S. Se allora in un punto z_0, interno ad S, fosse $|f(z_0)| \geq 1$, z_0 non sarebbe in J e quindi esisterebbe un altro punto z_1, interno ad S e non contenuto in J, tale che

$|f(z_1)| = 1$, ciò che è assurdo perchè, per la relazione $z_1 = \varphi(f(z_1))$, z_1 deve appartenere ad S. Si dimostra allo stesso modo che per z esterno ad S risulta $|f(z)|>1$. Dunque la funzione algebrica $\tau_1(z)$ definita dalla (10) consta di due gruppi di rami; i rami del primo gruppo hanno ovunque moduli < 1, quelli del secondo hanno ovunque moduli > 1. Il passaggio da un ramo del primo gruppo ad un ramo del secondo gruppo si effettua attraverso il ramo $f(z)$ che ha internamente a S modulo <1, su S modulo $=1$, esternamente a S modulo >1.

Il ramo $f(z)$ si permuta perciò internamente ad S con i rami del primo gruppo, esternamente ad S con quelli del secondo gruppo.

In modo analogo si ragiona per la funzione $\tau_2(\bar{z})$, per la quale si ha evidentemente

$$\tau_2(\bar{z}) = \frac{1}{\tau_1(z)}$$

Quindi nel piano (x,y) i punti di diramazione di $\tau_2(\bar{z})$ coincidono con quelli di $\tau_1(z)$; il ramo $g(\bar{z}) = 1/f(z)$ ha modulo unitario su S, > 1 entro S, < 1 fuori di S; i rimanenti rami $g_i(\bar{z})$ hanno ovunque modulo > 1 o < 1.

Studiando poi, ad esempio, il comportamento di $\tau_1(z)$ nell'intorno del punto $z = \infty$, detti p ed r rispettivamente i gradi di $P(\tau)$ ed $R(\tau)$, si trova che se $p > r$, $p - r$ rami divengono infiniti per $z = \infty$ e si permutano tra loro nell'intorno di tale punto, mentre esistono r soluzioni della (10) che restano limitate nell'intorno di tale punto.

Allora, poichè delle N+1 determinazioni di $\tau_1(z)$, $f_1(z), \ldots f_k(z)$ hanno ovunque moduli < 1, ne deduciamo che K sono le radici del polinomio $R(\tau)$ interne alla circonferenza $|\tau| = 1$; le rimanenti r - k radici di R(τ), aventi moduli > 1, corrispondono a quelli tra i rami $f, f_{k+1}, \ldots f_N$ che rimangono limitati nell'intorno di $z = \infty$.

Se è $\tau \geqslant p$ tutti i rami $f, f_{k+1}, \ldots f_N$ sono limitati nell'intorno di tale punto.

Osservazione. Particolarmente notevole è il caso in cui le radici di R(τ) abbiano tutte modulo < 1 e sia p=r+1. In tal caso degli N+1 rami componenti la $\tau_1(z)$ uno solo, f(z), diviene infinito per $z = \infty$; gli altri rami hanno tutti ovunque moduli < 1. Si dimostra che nelle ipotesi poste la funzione $\tau = f(z)$ stabilisce una corrispondenza conforme tra il piano z, privato dei punti interni ad S, e il piano τ, privato dei punti interni alla circonferenza $|\tau| = 1$.

Più in particolare, se le radici di R(τ) sono tutte nulle, si hanno per S le equazioni parametriche

$$(11) \qquad \begin{aligned} z &= \varphi(\tau) = A\tau + \sum_1^N{}_k B_k \tau^{-k} \\ \bar{z} &= \psi(\tau) = \bar{A}\tau^{-1} + \sum_1^N{}_k \bar{B}_k \tau^{+k} \end{aligned} \qquad (|\tau| = 1)$$

6.- Cerchiamo ora di estendere alle (11) il procedimento seguito per l'ellisse.

Poniamo, esprimendo le $f_i(z)$ mediante f (z) e le $g_i(\bar{z})$ mediante $g(\bar{z})$,

$$f_i(z) = \rho_i[f_i(z)] \quad , \quad g_i(\bar{z}) = \sigma_i[g(\bar{z})]$$

Posto, come nel n. 4, $U(\tau) = c_0 + U_1(\tau) + U_2(\tau)$, la soluzione $u_0(x,y)$ si trova immediatamente:

$u_0(x;y) = c_0$. La $u_1(x,y)$ è data, in un conveniente intorno di S. dalla formula:

$$u_1(x\,y) = \frac{1}{2}\left\{U_1(g) + U_1(f)\right\} + \frac{1}{2}\left\{\omega(g) - \omega(f)\right\}$$

Poichè, entro D, si ha $|f| < 1$, $|g| > 1$, poniamo, per poter prolungare la soluzione all'interno di S,

$$\omega(g) = -U_1(g) + \omega_1(g),$$

da cui

$$u_1(x,y) = U_1(f) + \frac{1}{2}\left\{\omega_1(g) - \omega_1(f)\right\}$$

Osserviamo ora che $U_1(f)$ non è olomorfa all'interno di S, perchè ivi $f(z)$ presenta dei punti critici (nei fuochi della linea S). E' invece olomorfa in tutto D la funzione simmetrica

$$U_1(f) + \sum_1^N{}_i\, U_1(f_i)$$

quando si tenga presente che è $|f_i(z)| < 1$.

Poniamo perciò

$$\frac{1}{2}\omega_1(f) = -\sum_1^N{}_i\, U_1(f_i) + \frac{1}{2}\omega_2(f) = -\sum_1^N{}_i\, U_1[\rho_i(f)] + \frac{1}{2}\omega_2(f)$$

da cui segue

$$u_1(x,y) = \left\{U_1(f) + \sum_1^N{}_i\, U_1(f_i)\right\} - \sum_1^N{}_i\, U_1[\rho_i(g)] + \frac{1}{2}\left\{\omega_2(g) - \omega_2(f)\right\},$$

Siccome la funzione $\sum_1^N{}_i\, U_1[\rho_i(t)]$ è olomorfa per $|t| > 1$ ed è $|g| > 1$, $|g_j| > 1$ entro S, la funzione simmetrica

$$\sum_1^N{}_i\, U_1[\rho_i(g)] + \sum_1^N{}_{i,j}\, U_1[\rho_i(g_j)]$$

è olomorfa entro S.

Poniamo allora

$$\frac{1}{2}\omega_2(g) = -\sum_1^N{}_{i,j}\, U_1[\rho_i(g_j)] + \frac{1}{2}\omega_3(g) =$$

$$= -\sum_1^N{}_{i,j}\, U_1[\rho_i(\sigma_j(g))] + \frac{1}{2}\omega_3(g),$$

da cui segue

$$u_1(x,y) = \left\{ U_1(f) + \sum_1^N {}_i U_1(f_i) \right\} -$$

$$- \left\{ \sum_1^N {}_i U_1[\rho_i(g)] + \sum_1^N {}_{ij} U_1[\rho_i(g_j)] \right\} +$$

$$+ \sum_1^N {}_{ij} U_1[\rho_i(\sigma_j(f))] + \frac{1}{2} \left\{ \omega_3(g) - \omega_3(f) \right\}.$$

Così proseguendo, si viene ad esprimere u_1 (x,y) come somma di una serie di funzioni olomorfe in D, analogamente a quanto si è fatto nel n. 4. Allo stesso modo si procede per ottenere la soluzione u_2(x,y) che si riduce, su S, alla funzione $U_2(\tau)$.

La dimostrazione diretta della convergenza delle serie così ottenuta non però agevole.

E' interessante rilevare come essa possa ottenersi, anche in casi più generali, confrontando il metodo sin qui seguito con quello classico, esprimente la soluzione del problema di Dirichelet mediante un potenziale di doppio strato.

Assumendo come parametro su S quello, τ, sin qui considerato, la soluzione u(x,y) è espressa dalla formula

$$(12) \quad u(x,y) = \frac{1}{2\pi i} \int_{|\tau|=1} F(\tau) \left\{ \frac{\varphi'(\tau)}{\varphi(\tau) - z} - \frac{\psi'(\tau)}{\psi(\tau) - \bar{z}} \right\} d\tau ,$$

dove F(τ) è l'incognito momento del doppio strato.

Posto

$$\rho(\tau, t) = \frac{\varphi(\tau) - \varphi(t)}{\tau - t} , \qquad \eta(\tau, t) = \frac{\psi(\tau) - \psi(t)}{\tau - t}$$

dove $|\tau| = 1$, $|t| = 1$, la determinazione della F(τ) è ricondotta alla risoluzione della classica equazione integrale di Fredholm

$$(13) \quad F(t) - \frac{\lambda}{2\pi i} \int_{|\tau|=1} F(\tau) \left\{ \frac{\eta_\tau(\tau,t)}{\eta(\tau,t)} - \frac{\rho_\tau(\tau,t)}{\rho(\tau,t)} \right\} d\tau = U(\tau)$$

per λ =1.

La (13), come è noto, ha per $|\lambda| \leq 1$ un solo autovalore nel punto $\lambda = -1$ e ivi la sola autosoluzione $F(t) = k$, dove k è una cosmante arbitraria.

Si può però dedurre dalla (13) una equazione integrale priva di autovalori nel cerchio $|\lambda| \leq 1$.

Posto infatti

$$\mu(\tau,t) = \frac{\psi(\tau)-\psi(t)}{\tau^{-1}-t^{-1}} = -\tau t\,\eta(\tau,t)$$

risulta

$$\frac{\mu_\tau(\tau,t)}{\mu(\tau,t)} = \frac{\eta_\tau(\tau,t)}{\eta(\tau,t)} + \frac{1}{\tau},$$

e posto

$$H(t) = F(t) + \frac{\lambda}{2\pi i}\int_{|\tau|=1} \frac{F(\tau)}{\tau}\,d\tau$$

si trova <u>che</u> $H(t)$ <u>soddisfa all'equazione integrale</u>

(14) $$H(t) - \frac{\lambda}{2\pi i}\int_{|\tau|=1} H(\tau)\left\{\frac{\mu_\tau(\tau,t)}{\mu(\tau,t)} - \frac{\rho_\tau(\tau,t)}{\rho(\tau,t)}\right\}d\tau = U(t),$$

che si dimostra essere <u>priva di autovalori in tutto il cerchio</u> $|\lambda| \leq 1$.

Per $|\lambda| \leq 1$ la (14) si risolve allora per approssimazioni successive e la corrispondente <u>serie di Neumann</u>:

$$H(t) = \sum_0^\infty {}_n \lambda^n h_n(t), \qquad (|t|=1),$$

è assolutamente ed uniformemente convergente.

Per $\lambda = 1$, la soluzione $F(t)$ della (13) si deduce dalla $H(t)$ mediante la formula

$$F(t) = H(t) - \frac{1}{4\pi i}\int_{|\tau|=1} \frac{H(\tau)}{\tau}\,d\tau .$$

Di qui, per la (12), si perviene alla soluzione $\mathcal{U}(x,y)$. Si constata inoltre che se S è un ellisse O, più in generale, la linea di equazioni (11), la soluzione così ottenuta coincide con quella che si desume a partire dalla soluzione del problema di Cauchy nel modo precedentemente indicato.

Risulta così anche provata la convergenza della serie che si era costruita con un procedimento formale e stabilito un collegamento tra il punto di vista analitico e quello reale nella risoluzione del problema di Dirichelet.

L U I G I   F A N T A P P I E'

I FUNZIONALI ANALITICI E LE LORO APPLICAZIONI ALLA RISOLUZIONE DELLE EQUAZIONI ALLE DERIVATE PARZIALI

Appunti raccolti da F. SUCCI

Roma - Istituto Matematico - 1954

I N D I C E

I FUNZIONALI ANALITICI E LE LORO APPLICAZIONI ALLA RISOLUZIONE DELLE EQUAZIONI ALLE DERIVATE PARZIALI.

Introduzione.

In questo corso avremo occasione di considerare gli operatori che sono funzioni di più operatori $g(K_1,K_2,\ldots,K_n)$ coordinati alle funzioni analitiche e regolari $g(\lambda_1,\lambda_2,\ldots,\lambda_n)$ date nell'intorno di un insieme chiuso A^* tutto al finito. Tali funzioni formano evidentemente uno spazio vettoriale complesso, e anzi un anello, in quanto anche il loro prodotto appartiene allo stesso insieme.

In un anello di questo tipo però non si può, in generale, definire una norma; cosicchè lo studio che noi faremo ci offrirà degli esempi interessanti di anelli non normati, che potranno utilmente essere raffrontati con gli anelli normati studiati nel corso parallelo del Prof. Lorch.

Poichè tali operatori $g(K_1,K_2,\ldots,K_n)f$ dipendono dalla funzione analitica $g(\lambda_1,\lambda_2,\ldots,\lambda_n)$, dovremo sviluppare una teoria generale dei funzionali. Ora gli indirizzi seguiti nello studio dei funzionali possono ricondursi a due tipi:

I°- alcuni hanno proceduto, come nella teoria delle funzioni, sviluppando prima una teoria degli insiemi funzionali, e una loro topologia, per poi definire in tali insiemi certe classi di funzionali;

II°- si può invece procedere lasciandosi piuttosto guidare dalle necessità dei problemi, dai quali è nato il concetto di funzionale (per merito di V. Volterra, 1887), e cioè dei problemi relativi all'integrazione delle equazioni alle derivate parziali.

Ora un teorema generale importantissimo, relativo a questo tipo di equazioni differenziali, è quello di

Cauchy, che ci assicura l'esistenza e l'unicità della soluzione soltanto nel caso che tanto il primo membro dell'equazione quanto i dati iniziali siano funzioni analitiche.

Un altro teorema generale è quello di Poincaré, sulla dipendenza delle soluzioni da un parametro, che entri analiticamente nell'equazione o nei dati iniziali; esso ci assicura che la soluzione è ancora funzione analitica del parametro; cioè, in sostanza, il funzionale, che fa passare dal primo membro dell'equazione e dai dati iniziali alla soluzione, conserva il carattere analitico rispetto ai parametri.

Ed è appunto seguendo questo secondo indirizzo che si è proceduto alla costruzione della teoria dei funzionali analitici, i quali saranno definiti per funzioni analitiche e godranno di questa ultima proprietà di conservare il carattere analitico, secondo le definizioni che verranno date in seguito.

N. 1 - DEFINIZIONI E CONCETTI GENERALI SUI FUNZIONALI

Def. I = Dato un campo H di funzioni $y(t)$, dicesi funzionale (definito in H) una corrispondenza che ad ogni funzione $y(t) \in H$ associa un numero f; i funzionali saranno indicati con $f = F[y(t)]$.

Def. II = Dicesi operatore una corrispondenza che associa ad ogni funzione $y(t) \in H$ una funzione $f(x)$ di un certo campo H_1, e si scrive:

$$Fy = f(x)$$

Def. III = Dicesi funzionale misto una corrispondenza che ad ogni coppia $(y(t), x)$, ove $y(t) \in H$ e x è un numero, associa un numero f; un funzionale misto sarà indicato con $F[y(t); x] = f$.

Se nel funzionale misto $F[y(t); x]$ si pensa fissata la funzione $y(t)$, si ottiene una funzione $f(x)$: la corrispondenza che associa alla funzione $y(t)$ la funzione $f(x)$ è un operatore determinato dal funzionale misto. Viceversa se dato un operatore $Fy=f(x)$ si considera la corrispondenza che alla coppia $(y(t); x)$ associa il valore che la funzione $f(x)$ assume nel punto x, si ha un funzionale misto $F[y(t); x] = f(x)$ che è determinato dall'operatore Fy. Si può quindi dire che ogni funzionale misto determina un operatore e viceversa che ogni operatore definisce un funzionale misto. In virtù di questa corrispondenza biunivoca tra funzionali misti ed operatori, si possono studiare gli uni per mezzo degli altri: per il calcolo numerico è più utile il concetto di funzionale misto, mentre dal punto di vista concettuale conviene quello di operatore, e ciò dicasi specialmente quando il codominio dell'operatore è contenuto nel dominio, nel qual caso l'operatore è iterabile. Per i funzionali misti non ha invece ovviamente senso parlare di iterabilità.

Def. IV = Un operatore Fy, definito in un campo H, se ha il codominio contenuto nel dominio H, si dice un operatore del campo H; in questo caso, dunque, F fa corrispondere a $y \in H$ ancora una funzione $f_1 = Fy \in H$.
Come già detto, questi operatori sono iterabili, si possono cioè considerare le loro potenze. Per essi è anche possibile definire il prodotto di un numero finito qualunque di operatori: $F_1 F_2 \ldots F_n$.

N. 2 – LO SPAZIO FUNZIONALE ANALITICO
Inizialmente come argomenti dei funzionali analitici dì erano prese le funzioni analitiche nel senso di Weierstrass. Queste funzioni furono però abbandonate poichè presentano degli inconvenienti: ad es. la somma di due funzioni y_1 ed y_2 di Weierstrass può non essere ancora una funzione di Weierstrass, come accade se le rispettive regioni di definizione sono come in figura, nel qual caso la somma è costituita da due funzioni di Weierstrass definite rispettivamente in R_1 ed R_2. Si sono così successivamente introdotte e assunte le funzioni analitiche localmente e biregolari.

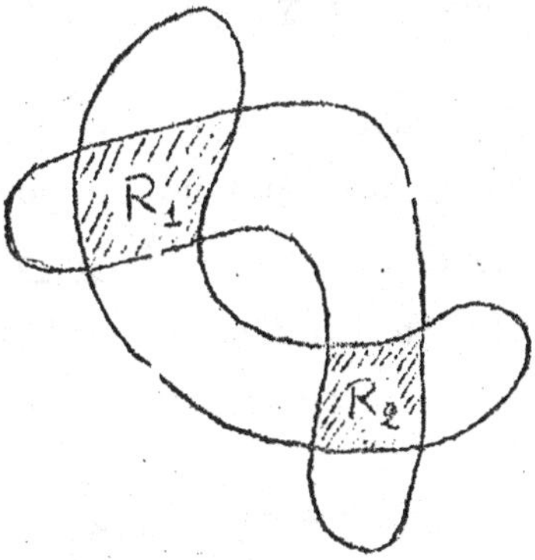

Def. V = Una funzione si dice localmente analitica se è definita ed uniforme in una regione (aperta), connessa o no, della sfera complessa e se in ogni punto di questa regione essa verifica le condizioni di monogenità.
Osserviamo che queste funzioni di prestano per trattare il problema delle trasmissioni telegrafiche e altri problemi applicativi, nei quali le funzioni che si considerano sono, in generale, analitiche solo a tratti.

Def. VI = Una funzione localmente analitica è detta biregolare in un punto t_0, se è ivi definita e regolare quando t_0 è al finito, e invece è regolare e nulla quando $t_0 = \infty$. Con queste definizioni l'unica funzione localmente analitica e biregolare definita su tutta la sfera complessa è, per il teorema di Liouville, la funzione identicamente nulla, la quale però viene esclusa dall'insieme delle dette funzioni.

Def. VII = Diremo che la funzione $y_1(t)$ definita nella regione M_1 è un prolungamento (non necessariamente analitico) di una funzione $y_0(t)$, definita in una regione M_0, non coincidente con M_1, se sono soddisfatte le seguenti condizioni:

$$M_1 \supset M_0 \; ; \; y_1(t) = y_0(t) \qquad \text{per} \quad t \in M_0.$$

Def. VIII = Data una funzione $y_0(t)$ definita in M_0, sia A un insieme chiuso qualunque contenuto in M_0 e σ un positivo arbitrario. Si dirà intorno (A, σ) di $y_0(t)$ l'insieme di tutte le funzioni analitiche localmente e biregolari definite in regioni M contenenti A e tali che in A sia:

$$\left| y(t) - y_0(t) \right| < \sigma .$$

Si osservi che ogni prolungamento di $y_0(t)$ appartiene a tutti gli intorni (A, σ) di $y_0(t)$.

Def. IX = Dicesi intorno lineare (A) di una funzione $y_0(t)$ la totalità delle funzioni y(t) definite e biregolari in regioni contenenti l'insieme chiuso A.

Il sistema degli intorni (A, σ) verifica i tre postulati di Hausdorff: 1. Ogni punto $y_0(t)$ ha almeno un intorno (A, σ); questo è evidente.

2. Nell'intersezione di due intorni, (A_1, σ_1) e (A_2, σ_2) di un punto $y_0(t)$, è contenuto un intorno di $y_0(t)$; si vede subito infatti che l'intorno $(A_1 \cup A_2, \sigma')$ con $\sigma' < \sigma_1, \sigma_2$ è contenuto nell'intersezione $(A_1, \sigma_1) \cap (A_2, \sigma_2)$.

3. Se $y_1(t) \in (A, \sigma)$ di $y_0(t)$, esiste un intorno (A_1, σ_1) di $y_1(t)$ contenuto in (A, σ) di $y_0(t)$.
Posto $L = \text{Max}\,|y_1 - y_0|$ in A, si vede facilmente che $(A_1, \sigma_1) \equiv \{(A, \sigma - L) \text{ di } y_1(t)\} \subset \{(A, \sigma) \text{ di } y_0(t)\}$.
L'insieme delle funzioni analitiche localmente e biregolari con gli intorni (A, σ) è dunque uno spazio di intorni topologico, che indicheremo con $\mathcal{S}^{(1)}$.
In $\mathcal{S}^{(1)}$ vale il postulato zeresimo di separazione (o di Kolmogoroff): date due funzioni almeno una di esse ha un intorno che non contiene l'altra; è uno spazio T_0. [15].
Si può anche vedere che in $\mathcal{S}^{(1)}$ vale il I° assioma di numerabilità: ogni suo punto possiede una base numerabile di intorni. (Cfr. [19])
<u>Def. X</u> = Un insieme I di $\mathcal{S}^{(1)}$ si dice <u>lineare</u> se da $y_i \in I$ $(i=1,2,\ldots,n)$ segue $\sum_1^n c_i y_i \in I$, con c_i costanti complesse qualunque.
<u>Def. XI</u> = Si dice <u>regione funzionale</u> di $\mathcal{S}^{(1)}$ un insieme di funzioni tale che con ogni suo elemento y(t) contiene tutto un intorno (A, σ) dell'elemento stesso.
<u>Def. XII</u> = Si dice <u>regione lineare</u> di $\mathcal{S}^{(1)}$ un insieme di funzioni che sia una regione ed un insieme lineare.
Sulle regioni lineari si hanno i due seguenti fondamentali teoremi:
TEOREMA I° = Sia $\mathcal{R}$ una regione funzionale lineare e y(t) una sua funzione qualsiasi. Se l'intorno (A, σ) di y(t) appartiene ad $\mathcal{R}$, $\mathcal{R}$ contiene anche l'intorno lineare (A) di y(t).
TEOREMA II° = Se $\mathcal{R}$ è una regione funzionale lineare, l'intersezione di tutte le regioni di definizione delle funzioni di $\mathcal{R}$ è un insieme (parziale) A della sfera complessa, non vuoto e chiuso, e ciascuna funzione biregolare in A appartiene ad $\mathcal{R}$.

Viceversa l'insieme delle funzioni biregolari in un insieme chiuso A (parziale) della sfera complessa costituisce una regione funzionale lineare.

Questo teorema stabilisce dunque una corrispondenza biunivoca fra le regioni funzionali lineari di $\mathcal{G}^{(1)}$ e gli insiemi chiusi della sfera complessa.

In tal modo lo studio delle regioni lineari viene riportato a quello di enti più familiari quali sono gli insiemi chiusi della sfera complessa.

L'insieme chiuso A si dice l'insieme <u>caratteristico</u> della regione lineare, e questa si indica col simbolo (A), coincidendo con l'intorno lineare di ciascun suo elemento.

<u>Def. XIII</u> = Dato un insieme chiuso A della sfera complessa diremo che due funzioni $y_1(t)$ ed $y_2(t)$ sono <u>equivalenti rispetto ad A</u>, e scriveremo $y_1(t) \overset{A}{\simeq} y_2(t)$, se è $y_1(t) = y_2(t)$ in un intorno comunque piccolo di A.

Si può subito vedere che questa nozione di equivalenza gode delle tre proprietà egualiformi.

Considerata la regione lineare (A), identifichiamo tra loro tutte le funzioni equivalenti ad una data; si ottiene in tal modo quella che si chiama la <u>regione funzionale lineare ristretta</u> ((A)), i cui elementi si indicano con $y(\overset{A}{t})$, e si dicono <u>funzioni date in A</u>. (o più esattamente, date in un intorno comunque piccolo di A).

Si può dimostrare che queste regioni ((A)) sono spazi topologici e in essi vale il terzo postulato di separazione (di Vietoris), cioè sono spazi T_3 o regolari.

<u>Def. XIV</u> = Si dice che $y=y(t,\alpha)$ è una <u>linea analitica</u> dello spazio funzionale $\mathcal{G}^{(1)}$, se:

a) $y(t,\alpha)$ è una funzione biregolare di t in una regione M (α), per ogni α di una regione Ω della sfera complessa;

b) $y(t,\alpha)$ è, per ogni t di una certa regione della

sfera complessa, una funzione analitica regolare di α.

c) L'insieme $I(\alpha)$, complementare di $M(\alpha)$, è una funzione continua di α, nel senso che fissato comunque un $\varepsilon > 0$ esiste un $\delta > 0$ tale che

$$\text{scarto}\left[I(\alpha), I(\alpha_0)\right] < \varepsilon \quad \text{per} \quad |\alpha - \alpha_0| < \delta .$$

Tale nozione di linea analitica di $\mathcal{S}^{(1)}$ si presenta come naturale estensione della nozione di linea analitica negli spazi euclidei S_n.

Bibl. = [1], pagg. 18-30; [2], pagg. 361-374.

N. 3. - I FUNZIONALI ANALITICI LINEARI

Def. XV = Un funzionale $F[y(t)]$ è detto analitico se;

1. F è definito in una regione funzionale $\mathcal{R}$ di $\mathcal{S}^{(1)}$;
2. Se $y_0(t) \in \mathcal{R}$ e se $y_1(t)$ è un suo prolungamento si ha:

$$F[y_1(t)] = F[y_0(t)]$$

3. Se la linea analitica $y(t, \alpha)$ penetra per $\alpha \in \Omega'$ nella regione $\mathcal{R}$ di definizione di F, la funzione di α:

$$f(\alpha) = F[y(t, \alpha)]$$

è analitica in Ω'.

Def. XVI = Un funzionale analitico F è detto lineare se:

1. E' definito in una regione funzionale lineare (A);
2. Essendo $y_1(t)$ e $y_2(t)$ elementi di (A) è

$$F[y_1 + y_2] = F[y_1] + F[y_2]$$

(proprietà distributiva rispetto alla somma).

Si dimostra facilmente che dalla proprietà 3 della Def. XV e dalla proprietà distributiva segue la proprietà di omogenità:

$$F[\alpha\, y(t)] = \alpha\, F[y(t)] .$$

essendo α un qualunque numero complesso.

Osserviamo che avendo preso le funzioni analitiche come argomento dei funzionali, fra questi sono certamente contenuti tutti i funzionali definiti in campi funzionali più ampi (insieme delle funzionidi continue, insieme delle funzioni di quadrato sommabile ecc.) e anzi costituiscono una classe effettivamente più vasta. Così ad es. nell'insieme delle funzioni di quadrato sommabile, è privo di senso il funzionale "valore di una funzione y(t) in un punto t_0", poichè tali funzioni sono individuate a meno dei valori che assumono in un insieme di misura nulla.
Tale circostanza non si presenta più nel campo più ristretto delle funzioni continue, dove dunque il precedente funzionale può essere definito. In questo campo però non ha ancora senso il funzionale "derivata in un punto t_0", poichè non ogni funzione continua è derivabile in t_0. Appare da questi esempi che per studiare una categoria di funzionali molto ampia conviene assumere quelli definiti per le funzioni analitiche.
Per i nostri funzionali imponiamo in più la condizione di analiticità per le ragioni indicate nell'introduzione.

TEOREMA I - Su ogni linea analitica $y(t, \alpha)$, che penetra nel campo di definizione (A) di un funzionale analitico e lineare qualunque F, è possibile derivare rapporto al parametro sotto il segno di funzionale lineare; si ha cioè:

$$(1) \qquad f'(\alpha) = \frac{d}{d\alpha} F[y(t,\alpha)] = F\left[\frac{\partial}{\partial\alpha} y(t,\alpha)\right].$$

Infatti si può dimostrare che $\frac{1}{h}\left[y(t,\alpha+h) - y(t,\alpha)\right]$ è una linea analitica rispetto ad h, e quindi si ha:

$$\frac{d}{d\alpha} F[y(t,\alpha)] = \lim_{h\to 0} \frac{1}{h}\left[f(\alpha+h) - f(\alpha)\right] =$$

$$= \lim_{h\to 0} \frac{1}{h}\left\{F[y(t,\alpha+h)] - F[y(t,\alpha)]\right\} = \lim_{h\to 0} F\left[\frac{1}{h}\left(y(t,\alpha+h) - y(t,\alpha)\right)\right]$$

e per la continuità di F sulle linee analitiche (Cfr. Def.

XV, 3) è:

$$\lim_{h\to 0} F\left[\frac{y(t,\alpha+h)-y(t,\alpha)}{h}\right] = F\left[\lim_{h\to 0}\frac{y(t,\alpha+h)-y(t,\alpha)}{h}\right] = F\left[\frac{\partial}{\partial\alpha}y(t,\alpha)\right].$$

Sussiste anche il teorema seguente:

TEOREMA II - Se F è un funzionale analitico lineare e se $y(t, \alpha)$ è una linea analttica che per $\alpha \in \Omega$ entra nella regione di definizione (A) di F, presa una curva γ entro Ω si ha:

$$(2) \qquad \int_\gamma F[y(t,\alpha)]\,d\alpha = F\left[\int_\gamma y(t,\alpha)\,d\alpha\right].$$

Allo scopo di pervenire alla formula fondamentale dei funzionali lineari, consideriamo la linea analitica particolare così defintta:

$$(3) \qquad y = \frac{1}{\alpha - t} \quad \text{per } \alpha \text{ finito e } t \neq \alpha$$

$$y = 0 \quad \text{per } \alpha = \infty \text{ e } t \text{ finito.}$$

Essendo $I(\alpha) = \alpha$ per α finito e $I(\infty) = \infty$, l'insieme $I(\alpha)$ è funzione continua di α. (Crf. Def. XIV, c)).

Si vede subito che questa linea analitica penetra entro qualunque regione lineare (A) di $\mathcal{S}^{(1)}$ bastando far variare α fuori di A; dunque ogni funzionale analitico lineare è sempre definito su un tratto di questa linea. Queste proprietà, come si vedrà, non sussistono più nello spazio delle funzioni analitiche di più variabili.

<u>Def. XVII</u> = Se F è un funzionale lineare definito in (A), la funzione analitica $u(\alpha) = F\left[\frac{1}{\alpha - t}\right]$, definita nel complementare di A, si dice l'<u>indicatrice emisimmetrica</u> di F.

Si vede facilmente che questa funzione è analitica localmente e biregolare.

Viceversa data una funzione $u(\alpha)$ analitica localmente e biregolare, rimane univocamente determinata una regione lineare (A): quella costituita dalla totalità delle funzioni $y(t)$ analitiche e biregolari nell'insieme (chiuso) dei punti singolari della $u(\alpha)$; e di più rimane determinato un funzionale lineare definito in questa regione e che ammette la funzione $u(\alpha)$ come sua indicatrice emisimmetrica.

Bibl. = [1], pagg. 31-56; [2], pagg. 375-412.

N. 4. - IL TEOREMA FONDAMENTALE DEI FUNZIONALI LINEARI E IL PRODOTTO FUNZIONALE EMISIMMETRICO.

TEOREMA I - Se $F[y(t)]$ è un funzionale lineare definito in (A) ed $u(\alpha)$ la sua indicatrice emisimmetrica, per ogni $y(t)$ di (A) si ha:

$$(4)\qquad F[y(t)] = \frac{1}{2\pi i}\int_C u(t)y(t)dt.$$

dove C è una curva "separatrice" dei due insiemi A e I dei punti singolari di $u(t)$ e $y(t)$ rispettivamente, cioè una curva chiusa che racchiude all'interno i punti singolari dell'indicatrice $u(t)$ (cioè l'insieme A) e lascia all'esterno i punti singolari della funzione argomento $y(t)$ (cioè l'insieme I).

Osserviamo per questo che data la funzione $y(t)$ di (A), la funzione

$$\bar{y}(t) = \frac{1}{2\pi i}\int_{C_1}\frac{y(\alpha)}{\alpha - t}\,d\alpha$$

è definita all'interno di C e quindi in A e dunque appartiene alla regione lineare (A); ed $y(t)$ è un suo prolungamento. (v. Def. VII)

Dalla definizione di funzionale analitico si ha allora:

$$F[y(t)] = F[\bar{y}(t)] = F\left[\frac{1}{2\pi i}\int_C \frac{y(\alpha)}{\alpha - t}\,d\alpha\right]$$

e per la proprietà espressa dalla (2):

$$F[y(t)] = \frac{1}{2\pi i}\int_C F\left[\frac{1}{\alpha - t}\right] y(\alpha)d\alpha = \frac{1}{2\pi i}\int_C u(\alpha)y(\alpha)d\alpha$$

che è la (4).

Si osservi che questo integrale non dipende dalla curva separatrice C. Infatti se tra due curve separatrici C e C' non cade il punto infinito, non essendoci alcuna singolarità della funzione integranda fra le due curve, come immediata conseguenza del teorema di Cauchy, si trova che l'integrale esteso a C è uguale a quello esteso a C'. Se invece tra C e C' c'è il punto infinito, allora si osservi che, essendo le funzioni u e y biregolari, il loro prodotto è infinitesimo del secondo ordine in quel punto, per cui il residuo in questo punto risulta nullo, e quindi ancora accade che i due integrali sono uguali.

Si vede così come sia utile aver assunto funzioni biregolari.

Si osservi ancora che la formula fondamentale (4) formalmente si stabilisce presto, ma il punto sostanziale sta nella determinazione esatta curva d'integrazione come curva separatrice. Questa è un ciclo della sfera complessa omologo a zero se la sfera è tagliata lungo i punti di A o di I, mentre non è omologo a zero se la sfera si taglia simultaneamente lungo i punti di A e di I.

Com'è noto i funzionali lineari dello spazio Hilbertiano reale si esprimono mediante un integrale di Riemann o di Lebesgue, quelli dello spazio delle funzioni continue con la formula del Riesz, che è un integrale di Stieltjes.

Nel campo funzionale analitico i funzionali lineari si esprimono come si è ora visto con un integrale esteso ad un ciclo della sfera complessa.

Poichè sulla curva separatrice C le funzioni sono sempre regolari, e la curva si può sempre ridurre al finito, tutti i funzionali lineari del campo complesso analitico sono rappresentati da integrali ordinari (non impropri) per cui dunque non possono mai sorgere questioni di convergenza. Se la funzione y(t) varia, sorgono singolarità solo quando un punto di I va a coincidere con un punto di A, poichè in tal caso non esiste più la curva separatrice.

Def. XVIII = L'integrale che compare al secondo membro della (4) si dice prodotto funzionale emisimmetrico delle due funzioni u(t) e y(t), e si indica con: $u(\overset{*}{t})y(\underset{*}{t})$;
e può essere definito per una qualunque coppia di funzioni analitiche biregolari senza punti singolari comuni.

TEOREMA II - Se si scambia il ruolo delle due funzioni di un prodotto funzionale emisimmetrico questo cambia di segno.

E infatti ciò equivale a cambiare il verso di percorrenza della curva separatrice.

Una proprietà importante del prodotto emisimmetrico è la seguente:

$$(5) \qquad u(\overset{*}{t})y'(\underset{*}{t}) = -u'(\overset{*}{t})y(\underset{*}{t});$$

che si stabilisce calcolando per parti il primo integrale.

Bibl. come al n. 3.

N. 5. - L'INDICATRICE SIMMETRICA E IL PRODOTTO FUNZIONALE SIMMETRICO.

Accanto all'indicatrice emisimmetrica è utile considerare anche quella che si dice simmetrica.

Def.XIX = Dicesi indicatrice simmetrica del funzionale lineare F, definito in (A), la funzione analitica

$$w(\alpha) = F\left[\frac{1}{1-\alpha t}\right]$$

che è regolare nei punti del complementare dell'insieme $\bar{A}$ dei punti reciproci di quelli di A.
Fra le due indicatrici sussistono le relazioni seguenti che si verificano immediatamente:

(6) $$w(\alpha) = \frac{1}{\alpha} u\left(\frac{1}{\alpha}\right) \quad ; \quad u(\alpha) = \frac{1}{\alpha} w\left(\frac{1}{\alpha}\right) .$$

Le due indicatrici sono pertanto equivalenti per determinare F; conviene considerare quella simmetrica perchè è analoga all'indicatrice proiettiva che si incontrerà per i funzionali lineari di funzioni di più variabili.
Osserviamo ora che se il funzionale F è definito per le costanti (non nulle), e per i polinomi, essendo queste funzioni singolari all'infinito, l'insieme A è necessariamente tutto al finito; e viceversa.
Si ha dunque: $F[y(t)]$ def. per le costanti $\Longleftrightarrow$ A tutto al finito.

In questo caso, interessante per le applicazioni fisiche, si ha che, convenuto di considerare lo zero come il reciproco dell'infinito, lo zero è fuori dell'insieme $\bar{A}$ dei reciproci di A, e quindi l'indicatrice simmetrica è regolare in questo punto. Possiamo quindi scrivere:

(7) $$w(\alpha) = \xi_0 + \xi_1 \alpha + \xi_2 \alpha^2 + \dots + \xi_n \alpha^n + \dots$$

E': $\xi_0 = F[1]$, e quindi $F[k] = k\xi_0$;

inoltre essendo; $\dfrac{d^n}{d\alpha^n} w = F\left[\dfrac{n!\,t^n}{(1-\alpha t)^{n+1}}\right]$, posto $\alpha = 0$

si trova che è

(8) $$F[t^n] = \frac{1}{n!} w^{(n)}(0) = \xi_n .$$

Conoscendo dunque le ξ_n si ha subito il valore del funzionale lineare F per tutti i polinomi. Ma è subito visto che, per le formule (7), nota la $w(\alpha)$ è noto il valore del funzionale ovunque. Infatti la formula fondamentale dà subito

$$(9) \qquad F[y(t)] = \frac{1}{2\pi i}\int_C \frac{1}{t} w\left(\frac{1}{t}\right) y(t)\,dt .$$

Def. XX = Diremo prodotto funzionale simmetrico delle due funzioni w e y, non aventi singolarità reciproche, l'integrale:

$$\frac{1}{2\pi i}\int_C \frac{1}{t} w\left(\frac{1}{t}\right) y(t)\,dt$$

dove C è una curva separatrice che racchiude i punti singolari della funzione $u(\alpha) = \frac{1}{\alpha} w\left(\frac{1}{\alpha}\right)$ e lascia all'esterno quelli di y(t). Tale prodotto si indicherà col simbolo:

$$w(\overset{\circ}{t})\, y(\overset{\circ}{t}) .$$

Cambiando la variabile d'integrazione nella sua reciproca, si vede facilmente che questo prodotto simmetrico ha la proprietà che:

$$w(\overset{\circ}{t})y(\overset{\circ}{t}) = y(\overset{\circ}{t})w(\overset{\circ}{t})$$

da cui appunto il nome. Si scriverà anche: w(t) o y(t).

La (9) ci dice dunque che il valore di un funzionale analitico lineare F per una funzione y si ottiene anche come prodotto funzionale simmetrico dell'indicatrice simmetrica di F per la funzione y.

Supponiamo ora che sia

$$w(t) = \sum_0^\infty {}_n\, \xi_n t^n \qquad \text{e} \qquad y(t) = \sum_0^\infty {}_m\, y_m t^m$$

e la prima serie sia convergente per $|t| < R$ e l'altra per $|t| < R'$, essendo $R.R' > 1$. In tal caso su ogni cerchio C con centro nell'origine e raggio r, con $\frac{1}{R} < r < R'$ le due serie $\sum_0^\infty {}_m y_m t^m$ e $\frac{1}{t} w\left(\frac{1}{t}\right) = \sum_0^\infty {}_n \frac{\xi_n}{t^{n+1}}$ convergono totalmente, insieme con la serie doppia $\sum_{n,m} \xi_n y_m t^{m-n-1}$, loro prodotto.

Integrando allora questa termine a termine sul cerchio C che è una curva separatrice, si ha:

$$(10)\quad w(\overset{\circ}{t})y(\overset{\circ}{t}) = \sum_{m,n\,0}^{\infty} \xi_n y_m \frac{1}{2\pi i}\int_C t^{m-n-1}\,dt = \sum_{0\,n}^{\infty} \xi_n y_n .$$

E quest'ultima è una serie assolutamente convergente. Petanto quando è R.R' > 1 il prodotto funzionale simmetrico si può esprimere con una serie assolutamente convergente, come ora si è visto; se però R.R' ≤ 1, può accadere che si possa ancora fare il prodotto funzionale simmetrico delle due funzioni w e y, per il che basta che esse non abbiano singolarità reciproche, ma la stessa serie in generale, non sarà più convergente, e quindi tale serie si manifesta così come uno strumento di minore validità del prodotto funzionale simmetrico.

Bibl.– come al n. 3.

N. 6. - I FUNZIONALI ANALITICI BILINEARI.

Def. XXI = Un funzionale di due funzioni variabili $F[y(t), z(u)]$ è detto bilineare, se esso è analitico e lineare rispetto a ciascuna delle funzioni argomento, cioè se valgono le relazioni:

$$F[y(t), z_1(u)+z_2(u)] = F[y(t), z_1(u)] + F[y(t), z_2(u)]$$

$$F[y_1(t)+y_2(t), z(u)] = F[y_1(t), z(u)] + F[y_2(t), z(u)]$$

Se pensiamo fissata una funzione variabile, per es. la z(u), si otterrà allora un funzionale lineare della sola variabile y(t), (che apparterrà; pertanto ad una regione lineare dipendente dalla z(u)), la cui indicatrice sarà data da

$$(11)\qquad v(\alpha) = F\left[\frac{1}{\alpha - t}, z(u)\right],$$

mentre il valore del funzionale per una qualunque funzione

y(t) sarà dato dalla formula fondamentale e cioè da:

$$F[y(t), z(u)] = \frac{1}{2\pi i}\int_{C_1} v(\alpha) y(\alpha)\, d\alpha = v(\overset{*}{\alpha})\, y(\underset{*}{\alpha})$$

dove C_1 è una curva separatrice della sfera complessa α, che racchiude i punti in cui $v(\alpha)$ non è regolare.
Se nella (11) si fissa un valore di α, il valore di $v(\alpha)$ risulta un funzionale lineare della sola funzione z(u), la cui indicatrice è

$$v(\alpha, \beta) = F\left[\frac{1}{\alpha - t}, \frac{1}{\beta - u}\right].$$

Questa funzione caratterizza il funzionale bilineare F e viceversa, cioè se due funzionali bilineari hanno la stessa indicatrice $v(\alpha, \beta)$ essi coincidono.
Si ha infatti:

$$F[y(t), z(u)] = \frac{1}{(2\pi i)^2}\int_{C_1} d\alpha \int_{C_2} v(\alpha, \beta)\, y(\alpha)\, z(\beta)\, d\beta = v(\overset{*}{\alpha}, \overset{*}{\beta})\, y(\underset{*}{\alpha})\, z(\underset{*}{\beta}) \tag{12}$$

dove C_2 è una curva separatrice della sfera complessa β, che racchiude le singolarità di $v(\alpha, \beta)$ come funzione di β. (C_2 quindi dipende da α).
Bibl. [1], pagg. 68-69.

N. 7. - IL CALCOLO RIGOROSO DELLE FUNZIONI DI UN OPERATORE LINEARE.

Sia H uno spazio funzionale vettoriale, di funzioni anche non analitiche, e K un operatore di questo campo(Cfr. Def.IV);
<u>Def. XXII</u> - Un operatore K del campo H si dice <u>lineare</u> se:

$$K(f_1 + f_2) = Kf_1 + Kf_2$$

$$K(cf) = c.Kf$$ dove c'è una qualunque costante complessa.

In ogni spazio vettoriale H c'è sempre l'operatore identico $\underline{I}$: $\underline{I}f = f$ e gli operatori "moltiplicazione per una costante" $\underline{c}$: $\underline{c}f = cf$.
Nello spazio vettoriale F_c delle funzioni continue in un intervallo $a \longmapsto b$ l'operatore

$$(13) \qquad \mathcal{J}f = \int_{x_0}^{x} f(t)\, dt \qquad (\text{ con } x_0 \text{ punto fisso in } a \longmapsto b\ )$$

è un operatore lineare del campo H_c.
Nel campo H_d delle funzioni indefinitamente derivabili (considerato per es. da Schwartz nella teoria delle distribuzioni) vi è l'operatore lineare "derivata" : $Dy = y'$
Altri esempi di operatori lineari sono dati, per le funzioni continue, cioè in H_c, dalle trasformazioni di Volterra:

$$\int_{x_0}^{x} K(x,y)f(y)dy \quad , \qquad \text{e}$$

da quelle di Fredholm

$$\int_a^b K(x,y)f(y)\,dy \ .$$

Nel campo vettoriale H_{P_0} delle funzioni analitiche di due variabili $f(x,y)$ date nell'intorno di un punto $P_0=(x_0,y_0)$ cioè della regione lineare ristretta $((P_0)) = H_{P_0}$, si ha l'operatore Integro-differenziale

$$(14) \qquad Bf = \mathcal{J}\frac{\partial f}{\partial y} = \int_{x_0}^{x} f'_y(t,y)\, dt$$

che risulta evidentemente un operatore lineare di questo spazio vettoriale.
Nello spazio vettoriale H_n delle funzioni complesse definite solo per i valori interi di una variabile r da 1 sino ad n, cioè dello spazio H_n dato dall'insieme di tutti i vettori complessi di S_n, gli operatori lineari continui coincidono con le omografie vettoriali di S_n:

$$\underline{K}\,\underline{v} = \underline{v}',$$

e sono rappresentati da sostituzioni lineari sulle componenti del vettore $\underline{v}$:

$$v'_r = \sum_{1}^{n} {}_s k_{rs} v_s.$$

l'operatore $\underline{K}$ è dunque caratterizzato dalla matrice quadrata (n,n) dei coefficienti k_{rs}. Tale matrice si dice il modulo di $\underline{K}$.

Dato che per gli operatori $\underline{K}$ di un campo H si ha $\underline{K}f = f_1 \in H$ possiamo considerare le loro potenze positive $\underline{K}^n$, così definite: $\underline{K}^n = \underline{K}.\underline{K}^{n-1}$.

Possiamo anche definire la somma e il prodotto fra gli operatori di H ponendo:

$$(\underline{K} + \underline{L})f = \underline{K}f + \underline{L}f$$

$$\underline{KL}f = \underline{K}(\underline{L}f)$$

e la moltiplicazione per le costanti complesse qualunque con:

$$(c\underline{K})f = c(\underline{K}f); \qquad \text{è} \quad \underline{c}f = 0 \ .$$

In tal modo la totalità degli operatori lineari di un campo vettoriale H formano ancora un campo vettoriale, anzi un <u>anello</u>.

Fissato allora un operatore $\underline{K}$ di un campo H, possiamo considerare le combinazioni lineari a coefficienti complessi qualunque delle sue potenze, si possono cioè considerare <u>polinomi</u> dell'operatore $\underline{K}$.

Consideriamo allora la corrispondenza che associa ad ogni polinomio $p(\lambda)$:

$$p(\lambda) = c_0 + c_1\lambda + c_2\lambda^2 + \ldots + c_n\lambda^n$$

il polinomio di $\underline{K}$ che ha gli stessi coefficienti per i monomi di uguale esponente:

$$p(\underline{K}) = c_0 + c_1 \underline{K} + c_2 \underline{K}^2 + \dots + c_n \underline{K}^n .$$

Indichiamo con Θ_0 questa corrispondenza:

$$p(\lambda) \longrightarrow p(\underline{K}).$$

Dalle proprietà degli operatori lineari di uno spazio vettoriale H segue subito che il calcolo dei polinomi $p(\underline{K})$ di un operatore lineare $\underline{K}$ di H, obbedisce esattamente alle stesse regole di calcolo dei polinomi ordinari, $p(\lambda)$.
Precisamente la corrispondenza Θ_0 gode le seguenti proprietà:

1. Alla somma di due polinomi di λ fa corrispondere la somma dei due polinomi corrispondenti di $\underline{K}$

$$p_1(\lambda) + p_2(\lambda) \longrightarrow p_1(\underline{K}) + p_2(\underline{K});$$

2. Al prodotto di due polinomi di λ fa corrispondere il prodotto degli operatori corrispondenti:

$$p_1(\lambda).p_2(\lambda) \longrightarrow p_1(\underline{K}).\ p_2(\underline{K})$$

3. Ai monomi 1 e λ corrispondono rispettivamente gli operatori $\underline{I}$ (operatore <u>identico</u>) e $\underline{K}$:

$$1\ ,\ \lambda \longrightarrow \underline{I}\ ,\ \underline{K}$$

E' questa proprietà che giustifica la definizione di <u>polinomi di K</u> data agli operatori $p(\underline{K})$.

4. Se il polinomio $p(\lambda)$ è una funzione analitica di un parametro α , cioè se è:

$$p = p(\lambda, \alpha) = c_0(\alpha) + c_1(\alpha)\lambda + \dots + c_n(\alpha)\lambda^n$$

anche l'operatore corrispondente $p(K, \alpha)$ è funzione analitica di α , nel senso che il risultato che si ottiene applicando $p(K, \alpha)$ ad una funzione qualunque di H , cioè $p(\underline{K}, \alpha)f(x)$ è una funzione analitica di α , e ciò è chiaro essendo:

$$p(K,\alpha)\, f(x) = c_0(\alpha) f(x) + c_1(\alpha) K f(x) + \dots + c_n(\alpha) K^n f(x)$$

e le $c_r(\alpha)$ funzioni analitiche di α.

Il "calcolo simbolico" degli operatori lineari $p(\underline{K})$, polinomi di uno stesso operatore lineare K di un campo H, e cioè l'uso di tali operatori mediante le stesse regole formali del calcolo algebrico, trattando K alla stessa stregua di un simbolo di una quantità ordinaria λ, è dunque perfettamente giustificato dalla corrispondenza Θ_0; con le sue quattro proprietà sopra ricordate.

Ora, molte equazioni funzionali hanno la forma

$$p(\underline{K})y = f$$

ove f è una funzione nota di uno spazio funzionale, e y la funzione incognita, Una soluzione y di questa equazione si potrebbe ottenere subito con la formula

$$y = \frac{1}{p(K)} f \tag{15}$$

se si riuscisse a costruire operatori più generali dei polinomi $p(\underline{K})$, e cioè operatori corrispondenti a funzioni razionali del tipo $g(\lambda) = \frac{1}{p(\lambda)}$, in modo però che anche per questi operatori più generali valessero ancora delle proprietà analoghe a quelle ricordate per i polinomi, e in particolare valesse la 2. proprietà, relativa al prodotto. In questo caso si avrebbe infatti che al prodotto $p(\lambda)g(\lambda) = 1$ corrisponderebbe proprio il prodotto degli operatori corrispondenti $p(\underline{K})\, g(\underline{K}) = \underline{I}$ e quindi risulterebbe

$$p(\underline{K})\, y = p(\underline{K}) \cdot \frac{1}{p(\underline{K})} f = \underline{I}\, f = f$$

e cioè la y data dalla (15) sarebbe proprio una soluzione dell'equazione funzionale data.

Si vede così che esigenza fondamentale del Calcolo simbolico è di calcolare o"valutare" espressioni del tipo

$$(16) \qquad g(\underline{K})f = f_1$$

<u>anche in corrispondenza a funzioni</u> $g(\lambda)$ <u>più generali dei polinomi.</u>

Al fine di giungere ad un calcolo simbolico realmente utile per la risoluzione delle equazioni funzionali, converrà che il campo ϕ delle funzioni $g(\lambda)$ contenga quello dei polinomi $p(\lambda)$ e che la corrispondenza Θ fra tali funzioni $g(\lambda)$ e gli operatori $g(\underline{K})$ abbia delle proprietà che generalizzino in modo naturale le quattro proprietà della corrispondenza Θ_o .

Per la corrispondenza Θ noi supporremo allora che valgano le seguenti proprietà:

I. $g_1(\lambda) + g_2(\lambda) \longrightarrow g_1(\underline{K}) + g_2(\underline{K})$

II. $g_1(\lambda)) \cdot g_2(\lambda) \longrightarrow g_1(\underline{K}) \cdot g_2(\underline{K})$

III. $1 \, , \quad \lambda \longrightarrow \underline{I} \, , \quad \underline{K}$

IV. $g(\lambda, \alpha)$ analitica rispetto ad $\alpha \longrightarrow g(\underline{K}, \alpha)f$ analitica rispetto ad α ; nel senso che $g(K)f$ sia un funzionale analitico di $g(\lambda)$.

Per il problema della valutazione della (16), osserviamo che il valore numerico della f_1 dipende dalla funzione variabile f del campo H, dalla funzione $g(\lambda)$ del campo ϕ e dal punto x, esso è dunque un funzionale misto di f, g e x:

$$g(\underline{K})f = f_1(x) = f_1 = \bar{F}\left[f(t), g(\lambda); x\right] \quad .$$

Se allora fissiamo in questo funzionale misto la funzione f e il numero x, il suo valore f_1 risulta un funzionale puro della sola funzione $g(\lambda)$, che indicheremo con:

$$f_1 = F\left[g(\lambda)\right] = g(\underline{K})f. \tag{17}$$

Dunque il problema della "valutazione" di queste espressioni (16) si riduce evidentemente al problema generale di calcolare il valore del funzionale F, per ogni funzione $g(\lambda)$ del campo Φ ove è definito.

Questo funzionale F caratterizza in sostanza la corrispondenza Θ che ad ogni funzione $g(\lambda)$ di Φ associa un ben determinato operatore $g(\underline{K})$ mediante la (17).

Il funzionale F deve pertanto essere tale che sussitano le quattro sopra ricordate proprietà, per la corrispondenza Θ.

Ora la IV proprietà ci dice che F è analitico, (V,Def.XV,3), e quindi Φ è una regione dello spazio funzionale analitico $\mathcal{S}^{(1)}$. Ma dalla I. proprietà discende che è

$$F\left[g_1 + g_2\right] = F\left[g_1\right] + F\left[g_2\right]$$

e dunque F deve essere lineare, e pertanto Φ deve essere una regione lineare (A) di $\mathcal{S}^{(1)}$;

Dalla III. proprietà segue poi che la costante 1 è in (A) e quindi l'insieme chiuso A è tutto al finito; dalla II e III si ha poi che $\lambda^n \longrightarrow \underline{K}^n$, e pertanto $p(\lambda) \longrightarrow p(\underline{K})$ e dunque questa corrispondenza Θ subordina per i polinomi la Θ_0.

E' da rilevare espressamente che in tutte le considerazioni successive non è affatto necessario che $g(\underline{K})f$ risulti un funzionale analitico di f, né che queste funzioni f del campo H siano analitiche.

Pertanto, ammessa l'esistenza della corrispondenza Θ (fra le funzioni analitiche biregolari $g(\lambda) \in (A)$ e le funzioni $g(\underline{K})$ di un operatore $\underline{K}$), soddisfacente alle quattro proprietà dette, il problema della valutazione è così ridotto a quello del calcolo del valore del funzionale analitico lineare $F\left[g(\lambda)\right]$; e tale problema è stato già risolto mediante le indicatrici.

Vediamo allora di determinare e studiare le indicatrici di un tale funzionale lineare:

Def. XXIII - Si dice operatore associato simmetrico dell'operatore lineare $\underline{K}$ e si indica con L_α, l'operatore lineare che corrisponde per la Θ alla funzione $\frac{1}{1-\alpha\lambda}$, quando α è fuori dell'insieme chiuso $\bar{A}$ formato dai reciproci di A, e che potremo indicare perciò anche con $L_\alpha = (\underline{I} - \alpha \underline{K})^{-1}$.

Per la definizione di indicatrice simmetrica di F (Cfr. Def. XIX, n. 5) si ha dunque:

$$w(\alpha) = L_\alpha f = F\left[\frac{1}{1-\alpha\lambda}\right] = \gamma(x, \alpha) \tag{18}$$

e questa espressione γ come funzione di x appartiene ad H, e inoltre è funzione analitica e biregolare di α fuori dell'insieme chiuso $\bar{A}$.

Ora considerate le due funzioni di (A): $1-\alpha\lambda$ e $(1-\alpha\lambda)^{-1}$ per la Θ ad esse corrispondono i due operatori $\underline{I} - \alpha\underline{K}$ ed $L_\alpha = (\underline{I} - \alpha \underline{K})^{-1}$ e per la proprietà II. a $(1-\alpha\lambda).\frac{1}{1-\alpha\lambda} = 1$ corrisponde l'operatore $(\underline{I} - \alpha \underline{K}).L_\alpha = \underline{I}$ e quindi, applicandolo ad una funzione f si ha: $(\underline{I} - \alpha \underline{K}).L_\alpha f = f$, cioè $(\underline{I} - \alpha \underline{K}).\gamma = f$ e infine

$$\gamma - \alpha\, \underline{K}\, \gamma = f \tag{19}$$

che si dice l'equazione fondamentale dell'operatore K nella forma simmetrica.

Se questa equazione ha soluzione unica in H, allora risolta tale equazione è nota l'indicatrice simmetrica $w(\alpha) = \gamma(x, \alpha)$ di F e quindi per la (9) e la def. XX, si ha:

$$F\big[g(\lambda)\big] = g(\underline{K})f = \gamma(x, \overset{\circ}{\lambda}).g(\overset{\circ}{\lambda}). \tag{20}$$

Per l'indicatrice emisimmetrica di F si ha analogamente:

$$u(\alpha) = F\left[\frac{1}{\alpha-\lambda}\right] = L^*_\alpha f = (\alpha \underline{I} - \underline{K})^{-1} f = \gamma^*(x, \alpha),$$

Def. XXIV = L'operatore indicato con L^*_α si dice l'operatore associato emisimmetrico dell'operatore $\underline{K}$.

Si vede come sopra che questa indicatrice $\gamma^*(x, \alpha)$ verifica una equazione analoga alla (19):

$$\alpha \gamma^* - \underline{K} \gamma^* = f \qquad (21)$$

che si dice l'equazione fondamentale dell'operatore $\underline{K}$ nella forma emisimmetrica.

La (19) e la (21) sono equivalenti per la determinazione di F.

Ovviamente usando l'indicatrice emisimmetrica si ha la formula:

$$g(\underline{K})f = \gamma^*(x, \overset{*}{\lambda})g(\underset{*}{\lambda}) = \frac{1}{2\pi i} \int_C g(\lambda) d\lambda \, L^*_\lambda f \; . \qquad (22)$$

Vediamo così che, se esiste una corrispondenza Θ che gode delle quattro proprietà sopra dette, è necessario che:

1. l'equazione (21) abbia almeno una soluzione $\gamma^* \in H$, per ogni α fuori di A;
2. l'espressione $\gamma^*(x, \alpha) = L^*_\alpha f$ sia una funzione analitica di α, per α fuori di A;
3. la funzione di x: $\int_C \gamma^*(x, \lambda) g(\lambda) d\lambda$ sia in H, per ogni funzione $g(\lambda)$ regolare in A e per ogni curva chiusa C, separatrice di A e dei punti singolari di g.

N. 8. - FONDAZIONE DEL CALCOLO DEGLI OPERATORI $g(\underline{K})$.

Viceversa, dato un operatore lineare $\underline{K}$ di uno spazio vettoriale H, anche se non sappiamo che esista una corrispondenza Θ del tipo indicato, possiamo sempre considerare l'equazione fondamentale (21) (o l'analoga (19)).

Dimostriamo ora che per stabilire una tale corrispondenza, e cioè un calcolo rigoroso delle funzioni $g(\underline{K})$ è <u>sufficiente</u> che siano soddisfatte le tre seguenti condizioni, analoghe a quelle indicate alla fine del numero precedente;

1. L'equazione fondamentale (21) abbia una e una sola soluzione $\gamma^* \in H$ per ogni α fuori di un certo insieme chiuso A tutto al finito;
2. Tale soluzione $\gamma^*(x, \alpha)$ sia sempre una funzione analitica di α, per α fuori di A;
3. L'integrale $\int_\Lambda \gamma^*(x, \lambda)g(\lambda)d\lambda$ sia ancora un elemento di H, per ogni funzione analitica $g(\lambda)$ regolare su Λ.

(Analoghe condizioni essendo sufficienti quando si parta dall'equazione (19)).

E infatti si verifica facilmente che, in tali ipotesi, la soluzione unica γ^* della (21) risulta dipendente <u>linearmente</u> da f e cioè che la (21) stessa definisce un operatore di H: $L^*_\alpha f = \gamma^*$ (l'operatore associato emisimmetrico di $\underline{K}$) che risulta lineare; di più l'espressione $L^*_\alpha f = \gamma^*(x, \alpha)$, essendo analitica e regolare come funzione di α, per α fuori di A, (si verifica anzi che è nulla per $\alpha = \infty$, e cioè biregolare), potrà essere assunta come indicatrice emisimmetrica di un funzionale lineare (V.N.4)

$$F[g(\lambda)] = \gamma^*(x, \overset{*}{\lambda})g(\underset{*}{\lambda}) \qquad (23)$$

definito per tutte le funzioni $g(\lambda)$ regolari in A.

Ma per la condizione 3. questo integrale risulta, come funzione di x, ancora un elemento $f_1(x)$ di H, il quale dunque resta perfettamente individuato quando sono dati l'elemento primitivo $f(x) \in H$, che figura come termine noto nella (21), e la funzione $g(\lambda) \in (A)$.

D'altra parte, al n. precedente abbiamo visto che, se fosse possibile stabilire un calcolo rigoroso degli operatori $g(\underline{K})$, corrispondenti alle funzioni $g(\lambda)$ in (A), il valore dell'espressione $g(K)f$ dovrebbe essere dato proprio dall'espressione ora ottenuta, che ha sempre dunque significato, nelle ipotesi fatte, e cioè da:

$$(24) \quad g(\underline{K})f = F[g(\lambda)] = \gamma^*(x, \overset{*}{\lambda})\, g(\underset{*}{\lambda}) = \frac{1}{2\pi i}\int_C g(\lambda)\, d\lambda\, L^*_\lambda f \, .$$

E' dunque naturale provare ad assumere come definizione di tali operatori $g(K)$, l'espressione (24) ora trovata.
Con ciò resta sicuramente stabilita una corrispondenza fra le funzioni $g(\lambda) \in (A)$ e questi operatori $g(K)$ del campo H. Ma è importante rilevare che tale corrispondenza gode proprio delle quattro proprietà indicate al N. 7.
E infatti dalla definizione stessa risulta che l'espressione (24) è un funzionale analitico e lineare di $g(\lambda)$ e quindi che sono senz'altro soddisfatte le proprietà I. e IV.; passando dalla γ^* all'indicatrice simmetrica $\gamma = \frac{1}{\alpha}\overset{*}{\gamma}\left(x, \frac{1}{\alpha}\right)$ dello stesso funzionale F è poi facile dimostrare, dallo sviluppo in serie di γ nell'intorno dell'origine, che è soddisfatta anche la proprietà III.; infine, considerando l'operatore corrispondente al prodotto $g_1(\lambda).g_2(\lambda)$ come un funzionale bilineare di g_1 e g_2 (v.n. 6), si riesce anche a dimostrare che esso coincide col prodotto $g_1(K).g_2(K)$, e cioè che è soddisfatta anche la proprietà II.
Con ciò rimane stabilito un metodo rigoroso per costruire gli operatori $g(K)$, una volta che siano verificate le tre condizioni indicate all'inizio di questo numero.

N. 9. ESEMPIO DELLE FUNZIONI DI $\mathfrak{J}$.

Per esempio , se K è l'operatore derivata D, l'equazione fondamentale $\alpha\gamma^* - \overset{*}{\gamma}{}' = f$ non ha ovviamente soluzione unica, e dunque per questo operatore non si può applicare la teoria sopra esposta.

Consideriamo invece l'operatore $\mathfrak{I}$:

$$(13) \qquad \mathfrak{I}f = \int_{x_0}^{x} f(t)dt$$

dello spazio H_c delle funzioni continue in un intervallo $a \longmapsto b$, e la sua equazione fondamentale nella forma simmetrica $\gamma - \alpha \mathfrak{I} \gamma = f$.

Posto $\bar{\gamma} = \mathfrak{I}\gamma$ risulta $\bar{\gamma}'(x) = \gamma$ e $\bar{\gamma}(x_0) = 0$ e quindi l'equazione forndamentale si riduce all'equazione differenziale del primo ordine:

$$\bar{\gamma}' - \alpha\bar{\gamma} = f \quad \text{con la condizione} \quad \bar{\gamma}(x_0) = 0,$$

e si ha quindi una sola soluzione:

$$\bar{\gamma}(x,\alpha) = \int_{x_0}^{x} e^{\alpha(x-t)} f(t)dt .$$

Da questa funzione $\bar{\gamma}$ si ottiene subito l'indicatrice simmetrica γ del funzionale:

$$(25) \qquad F\left[g(\lambda)\right] = g(\mathfrak{I})f$$

mediante derivazione:

$$(26) \qquad \gamma(x,\alpha) = f(x) + \alpha\int_{x_0}^{x} e^{\alpha(x-t)} f(t)dt = L_\alpha f(x).$$

Analogamente, dall'equazione fondamentale di $\mathfrak{I}$ in forma emisimmetrica, si trova l'indicatrice emisimmetrica $u(\alpha) = \gamma^*(x, \alpha)$, dello stesso funzionale F, e che del resto si può ottenere subito dalla (26) con la trasformazione (6):

$$(27) \qquad \gamma^*(x,\alpha) = \frac{1}{\alpha} f(x) + \frac{1}{\alpha^2}\int_{x_0}^{x} e^{\frac{x-t}{\alpha}} f(t)dt = L^*_\alpha f(x).$$

Si può vedere che, per ogni $\alpha \neq 0$, sono soddisfatte le tre condizioni 1.,2,3, indicate al principio del N.8, e quindi si può associare ad ogni funzione $g(\lambda)$, regolare nell'origine (poichè la $u(\alpha)$ risulta singolare ivi), un operatore $g(\mathfrak{J})$, in modo che la corrispondenza $g(\lambda)\to g(\mathfrak{J})$ verifichi le quattro note proprietà date al N. 7. Tale operatore $g(\mathfrak{J})$, applicando la (24), è dato, dunque dalla formula:

$$(28) \qquad g(\mathfrak{J})f = g(0)f(x) + \frac{1}{2\pi i}\int_{C_0} \frac{d\lambda}{\lambda^2} g(\lambda)\int_{x_0}^{x} e^{\frac{x-t}{\lambda}} f(t)dt$$

ove C_0 è una curva chiusa racchiudente il solo punto singolare $\lambda = 0$ della funzione integranda.

Bibl.= [3], [4].

N. 10 - IL METODO DEGLI OPERATORI PER LE FUNZIONI DI $\mathfrak{J}$.

Definite così le funzioni $f_1(x) = g(\mathfrak{J})f(x)$, che si ottengono applicando un operatore $g(\mathfrak{J})$ ad una funzione $f(x) \in H_c$, o, se si vuole, sostituendo l'operatore $\mathfrak{J}$ alla variabile λ nell'espressione $g(\lambda)f(x)$, possiamo estendere tale operazione a funzioni più generali di λ e di x, del tipo:

$$(29) \qquad h(\lambda, x) = \sum_0^\infty \lambda^n h_n(x),$$

che siano, come funzioni di x, definite e continue nel solito intervallo $a \longmapsto b$ (e quindi in H_∞), per ogni λ di un certo intorno dell'origine, e, per ogni x in detto intervallo, analitiche e regolari, come funzioni di λ, nello stesso intorno dell'origine.

Ad ogni funzione di questo tipo (29) potremo infatti associare una ben determinata funzione $f_1(x)$, data dalla serie totalmente convergente:

$$(30) \qquad f_1(x) = \sum_0^\infty \mathfrak{J}^n h_n(x) = h(\mathfrak{J}, x) = S\mathfrak{J}_\lambda h(\lambda, x)$$

che diremo ottenuta dalla (29) mediante l'operazione di sostituzione di $\mathfrak{J}$ a λ, che indichiamo con $S\mathfrak{J}_\lambda$.
Si può dimostrare che questo operatore sostituzione si esprime con una formula che generalizza la (28), da cui deriva (integrando per serie), cioè con la:

$$(31)\qquad S\mathfrak{J}_\lambda h(\lambda,x) = \frac{1}{2\pi i}\int_{C_0} L^*_\lambda h(\lambda,x)\, d\lambda = h(\mathfrak{J},x)$$

e si dimostra pure che questo operatore gode delle seguenti proprietà:

1. E' lineare: $S\mathfrak{J}_\lambda (h_1 + h_2) = S\mathfrak{J}_\lambda h_1 + S\mathfrak{J}_\lambda h_2$
2. $S\mathfrak{J}_\lambda g(\lambda)f(x) = g(\mathfrak{J})f(x)$
3. $S\mathfrak{J}_\lambda g(\lambda)h(\lambda,x) = g(\mathfrak{J})h(\mathfrak{J},x)$.

Mostriamo ora come, con questo operatore, si possano risolvere equazioni funzionali di tipo molto generale.
Consideriamo perciò l'equazione funzionale lineare:

$$(32)\qquad K_1 g_1(\mathfrak{J})z + K_2 g_2(\mathfrak{J})z + \ldots + K_\ell g_\ell(\mathfrak{J})z = q(\mathfrak{J}, x, y_1, \ldots, y_s)$$

con z funzione di un certo campo $\bar{H}$ di funzioni $z(x,y_1,\ldots,y_s)$ e i K_j operatori lineari di $\bar{H}$. Supponiamo inoltre che le funzioni $g_j(\lambda)$ siano regolari nell'origine, e che gli operatori K_j siano permutabili con $S\mathfrak{J}$:

$$(33)\qquad K_j S\mathfrak{J}_\lambda h = S\mathfrak{J}_\lambda K_j h.$$

In queste ipotesi l'equazione funzionale lineare (32) si può cercare di risolvere col metodo che diremo appunto degli "operatori interni" e che consiste proprio nel sostituire $\mathfrak{J}$ a λ in una opportuna funzione $\bar{z}(\lambda, x, y_1, \ldots, y_s)$.
Dall'equazione (32) passiamo perciò alla così detta "equazione parametrizzata", che si ottiene da essa sostituendo una

variabile λ all'operatore $\mathcal{J}$ e una nuova incognita $\bar{z}$ alla incognita z:

$$(34) \quad K_1 g_1(\lambda)\bar{z} + K_2 g_2(\lambda)\bar{z} + \dots + K_\ell g_\ell(\lambda)\bar{z} = q(\lambda, x, y_1, \dots, y_s)$$

Supponiamo di poter trovare una soluzione $\bar{z} = \bar{z}(\lambda, x, y_1, \dots, y_s) \in \bar{H}$ di questa equazione, che come funzione di λ sia regolare nell'origine; dimostriamo allora che la funzione: $S\mathcal{J}_\lambda \bar{z} = z(x, y_1, \dots, y_s) \in \bar{H}$ è soluzione della (32). Infatti applicando ad ambo i membri della (34) l'operatore $S\mathcal{J}$, si ottiene, per la proprietà 3. di $S\mathcal{J}$, proprio l'equazione (32), e pertanto $z = S\mathcal{J}\bar{z}$ è soluzione di questa.
Bibliografia. [12].

N. 11. - INTEGRAZIONE DI ALCUNE EQUAZIONI A DERIVATE PARZIALI DI TIPO IPERBOLICO E PARABOLICO.

Consideriamo come primo esempio di applicazione del metodo indicato, l'equazione a derivate parziali del secondo ordine di tipo iperbolico, che si può sempre ridurre alla forma normale:

$$(35) \quad \frac{\partial^2 z}{\partial x \partial y} + a\frac{\partial z}{\partial x} + b\frac{\partial z}{\partial y} + cz = f(x,y)$$

ove i coefficienti sono, in generale, funzioni delle due variabili x, y. Noi considereremo ora il caso particolare che i coefficienti a, b, c siano funzioni della sola y, e quindi costanti su ciascuna delle caratteristiche y = cost. I dati iniziali, assegnati su due caratteristiche, siano

$$(36) \quad \begin{cases} z(x_0, y) = \varphi(y) \\ z(x, y_0) = \psi(x) \end{cases} \qquad (\varphi(y_0) = \psi(x_0)),$$

con la φ e la ψ funzioni continue con le derivate prime, mentre a,b,c ed f siano funzioni continue dei loro argomenti.

Applicando ora l'operatore $\mathfrak{J}$ alla (35) si ottiene:

$$(37) \quad \frac{\partial z}{\partial y} + b(y)\mathfrak{J}\frac{\partial z}{\partial y} + a(y)z + c(y)\mathfrak{J}z = \mathfrak{J}f + a(y)\varphi + \varphi' ,$$

che è del tipo (32), in cui gli operatori K_j sono dati da $\frac{\partial}{\partial y}$ e dalle moltiplicazioni per funzioni di y, e quindi di certo permutabili con $S\mathfrak{J}$.

Sostituendo formalmente in questa equazione al simbolo $\mathfrak{J}$ il parametro λ, si ottiene l'equazione parametrizzata:

$$(38) \quad \frac{\partial \bar{z}}{\partial y} + \lambda b(y)\frac{\partial \bar{z}}{\partial y} + a(y)\bar{z} + \lambda c(y)\bar{z} = \lambda f + a(y)\varphi + \varphi'$$

che è dunque un'equazione differenziale ordinaria:

$$(39) \quad \frac{d\bar{z}}{dy} = -\frac{a + c\lambda}{1 + b\lambda}\bar{z} + \frac{\lambda f + a\varphi + \varphi'}{1 + b\lambda}$$

i cui coefficienti sono regolari per $\lambda = 0$. Integriamo ora questa equazione ponendo $\bar{z}(y_0) = \psi(x)$; si ha:

$$(40) \quad \bar{z}(x,y,\lambda) = e^{-\int_{y_0}^{y}\frac{a+c\lambda}{1+b\lambda}dy}\left\{\psi(x) + \int_{y_0}^{y} e^{\int_{y_0}^{y}\frac{a+c\lambda}{1+b\lambda}dy}\cdot\frac{\lambda f + a\varphi + \varphi'}{1+b\lambda}dy\right\}$$

che come funzione di x,y è continua ed è, come funzione di λ, analitica e regolare per $\lambda = 0$.

Usando ora la formula (31) si ottiene dalla (40) la funzione:

$$(41) \quad z(x,y) = \bar{z}(x,y,\mathfrak{J}) = \bar{z}(x,y,0) + \frac{1}{2\pi i}\int_{C_0}\frac{d\lambda}{\lambda^2}\int_{x_0}^{x} e^{\frac{x-t}{\lambda}}\cdot\bar{z}(t,y,\lambda)\,dt$$

che sarà dunque soluzione dell'equazione integro-differenziale (37), e quindi della (35) e che di più soddisfa anche alle condizioni iniziali (36), com'è facile verificare: per $x=x_0$ tenendo conto della (37) stessa e per $y=y_0$ della (40).

Vediamo così che l'equazione di tipo iperbolico (35) abbastanza generale, con le condizioni iniziali (36) si integra in forma finita con quattro integrazioni; essendo necessarie due quadrature nella (40) per ottenere la soluzione $\bar{z}$ dell'equazione parametrizzata, e altre due integrazioni nella (41) (una quadratura ed un calcolo di residuo) per ottenere l'espressione definitiva della soluzione z.

Un secondo esempio interessante di equazione a derivate parziali, integrabile con lo stesso metodo, ci è dato dalla equazione parabolica a coefficienti costanti:

$$\frac{\partial^2 z}{\partial x^2} + a\frac{\partial z}{\partial x} + b\frac{\partial z}{\partial y} + cz = f(x,y) \tag{42}$$

dove f è funzione analitica dei suoi argomenti. Siano date le condizioni iniziali del problema di Cauchy:

$$(43) \qquad \begin{aligned} z(x_0, y) &= \varphi_0(y) \\ \left(\frac{\partial z}{\partial x}\right)(x_0, y) &= \varphi_1(y). \end{aligned}$$

Applicando $\mathfrak{I}$ ad ambo i membri della (42) si ha:

$$\frac{\partial z}{\partial x} + b\mathfrak{I}\frac{\partial z}{\partial y} + (a + c\mathfrak{I})z = \mathfrak{I}f + a\varphi_0 + \varphi_1 \tag{44}$$

e questa equazione è ancora del tipo della (32) con:

$K_1 = \frac{\partial}{\partial x}$, $K_2 = \frac{\partial}{\partial y}$, $K_3 = \underline{1}$; $g_1 = \underline{1}$, $g_2 = b\mathfrak{I}$, $g_3 = a + c\mathfrak{I}$, $q = \mathfrak{I}f + a\varphi_0 + \varphi_1$; gli operatori

K_2 e K_3 sono permutabili con $S\mathcal{J}$, mentre K_1 non lo è, in generale.

Per superare questa difficoltà, vediamo quando tale operatore $K_1 = \frac{\partial}{\partial x}$ è permutabile con $S\mathcal{J}$; si ha intanto:

$$S\mathcal{J}_\lambda\left(\frac{\partial}{\partial x} h(\lambda,x)\right) = h'_x(0,x) + \frac{1}{2\pi i}\int_{C_0}\frac{d\lambda}{\lambda^2}\int_{x_0}^{x} e^{\frac{x-t}{\lambda}} h'_x(\lambda,t)\,dt$$

Calcolando per parti questo integrale si ha:

$$\int_{x_0}^{x} e^{\frac{x-t}{\lambda}} h'_x\,dt = h(\lambda,t)e^{\frac{x-t}{\lambda}}\Big|_{x_0}^{x} + \int_{x_0}^{x}\frac{1}{\lambda}e^{\frac{x-t}{\lambda}} h(\lambda,t)\,dt =$$

$$= h(\lambda,x) - h(\lambda,x_0)e^{\frac{x-x_0}{\lambda}} + \frac{1}{\lambda}\int_{x_0}^{x} e^{\frac{x-t}{\lambda}} h(\lambda,t)\,dt$$

e pertanto:

$$S\mathcal{J}_\lambda h'_x(\lambda,x) =$$

$$= h'_x(0,x) + \frac{1}{2\pi i}\int_{C_0}\frac{d\lambda}{\lambda^2}\left\{h(\lambda,x) + \frac{1}{\lambda}\int_{x_0}^{x} e^{\frac{x-t}{\lambda}} h(\lambda,t)\,dt - e^{\frac{x-x_0}{\lambda}} h(\lambda,x_0)\right\}.$$

Calcoliamo ora l'espressione che si ottiene permutando i due operatori; e cioè:

$$\frac{\partial}{\partial x} S\mathcal{J}_\lambda h(\lambda,x) = \frac{\partial}{\partial x}\left\{h(0,x) + \frac{1}{2\pi i}\int_{C_0}\frac{d\lambda}{\lambda^2}\int_{x_0}^{x} e^{\frac{x-t}{\lambda}} h(\lambda,t)\,dt\right\} =$$

$$= h'_x(0,x) + \frac{1}{2\pi i}\int_{C_0}\frac{d\lambda}{\lambda^2}\left\{h(\lambda,x) + \frac{1}{\lambda}\int_{x_0}^{x} e^{\frac{x-t}{\lambda}} h(\lambda,t)\,dt\right\}$$

Dunque:

$$S\mathcal{J}_\lambda \frac{\partial}{\partial x} h(\lambda,x) = \frac{\partial}{\partial x} S\mathcal{J}_\lambda h(\lambda,x) - \frac{1}{2\pi i}\int_{C_0}\frac{d\lambda}{\lambda^2} e^{\frac{x-x_0}{\lambda}}\cdot h(\lambda,x_0)\,d\lambda\,. \tag{45}$$

Poichè nell'integrale a secondo membro vi è il prodotto di $\frac{e^{\frac{x-x_0}{\lambda}}}{\lambda}$, che è una serie di potenze negative di λ a partire da $\lambda^{-\ell}$, per una funzione $h(\lambda, x_0)$ di λ regolare nell'origine e quindi data da una serie di potenze positive di λ, affinchè questo integrale sia nullo occorre che nella funzione integranda non compaia il termine in λ^{-1} e perchè ciò avvenga è sufficiente che $h(\lambda, x_0)$ non dipenda da λ.

Pertanto l'operatore $K_1 = \frac{\partial}{\partial x}$ è certamente permutabile con $S\mathcal{J}$ quando si applica ad una funzione h che sia indipendente da λ.

Scritta allora l'equazione parametrizzata:

$$(46)\qquad \frac{\partial \bar{z}}{\partial x} + b\lambda \frac{\partial \bar{z}}{\partial y} + (a + c\lambda)\bar{z} = \lambda f + a\varphi_0 + \varphi_1$$

integriamola con la condizione iniziale:

$$(47)\qquad \bar{z}(x_0, y, \lambda) = \varphi_0(y), \text{indipendente da } \lambda .$$

Si può allora applicare il metodo generale detto sopra, in quanto la $\bar{z}$ è per ipotesi indipendente da λ per $x = x_0$.

Si ha:

$$(48)\qquad \bar{z}(x,y,\lambda) = e^{(a+bc)(x_0 - x)} \cdot \varphi_0(y + b\lambda(x_0 - x)) + \int_{x_0}^{x} e^{(a+c\lambda)(t-x)} \cdot \left\{ \lambda f(t, y + b\lambda(t-x)) + a\varphi_0(-) + \varphi_1(-) \right\} dt$$

e allora la soluzione della (42) è:

$$(49)\qquad z(x,y) = \bar{z}(x,y,0) + \frac{1}{2\pi i} \int_{\ell_0} \frac{d\lambda}{\lambda^2} \int_{x_0}^{x} e^{\frac{x-\tau}{\lambda}} \cdot \bar{z}(\tau, y, \lambda)\, d\tau ,$$

come si verifica subito applicando $S\mathcal{J}$ alla (46) e tenendo conto della (47), ed è ottenuta con due quadrature ed un residuo.

Se i coefficienti a,b,c della (42) non fossero costanti, ma funzioni della sola y, essendo ancora permutabili con $S\mathcal{J}$, sempre con le stesse condizioni iniziali (43) e (47), si può ancora applicare il metodo ora usato. Però l'equazione parametrizzata è ora alle derivate parziali, e si può integrare cercando una soluzione $\bar{z}$ definita implicitamente dalla $V(x,y,\bar{z}) = 0$, in cui V è soluzione dell'equazione:

$$(50) \quad \frac{\partial V}{\partial x} + b\lambda \frac{\partial V}{\partial y} + \left(\lambda f + a\varphi_0 + \varphi_1 - (a + c\lambda)\bar{z}\right)\frac{\partial V}{\partial \bar{z}} = 0$$

che si integra col metodo classico mediante il sistema differenziale ordinario:

$$(51) \quad dx = \frac{dy}{b(y)\cdot\lambda} = \frac{d\bar{z}}{\lambda f + a\varphi_0 + \varphi_1 - (a+c\lambda)\bar{z}}$$

che è nel nostro caso fortunatamente integrabile con tre quadrature, fornendoci una soluzione $\bar{z}(x,y,\lambda)$ regolare per $\lambda = 0$.

Ci vogliono poi altre due integrazioni (una quadratura e un calcolo di residuo) per passare dalla $\bar{z}$ alla z con la solita formula (41). [7].

Bibl. [3], [5], [6], [7].

<u>Osservazione I</u>: Potrebbe a prima vista sembrare più vantaggioso applicare due volte l'operatore $\mathfrak{J}$ alla (42); ma si vede che così facendo si perviene all'equazione integro-differenziale:

$$(52) \quad b\mathfrak{J}^2 \frac{\partial z}{\partial y} + \left(1 + a\mathfrak{J} + c\mathfrak{J}^2\right)z = \mathfrak{J}^2 f + \mathfrak{J}\left(a\varphi_0 + \varphi_1\right) + \varphi_0$$

la cui equazione parametrizzata è

$$(53) \quad b\lambda^2 \frac{\partial \bar{z}}{\partial y} + \left(1 + a\lambda + c\lambda^2\right)\bar{z} = \lambda^2 f + \lambda\left(a\varphi_0 + \varphi_1\right) + \varphi_0$$

il cui integrale $\bar{z}(x,y,\lambda)$ è però singolare nell'origine $\lambda = 0$, essendo ivi singolari i coefficienti dell'equazione quando questa si riduce a forma normale.

Osservazione II; Il metodo ora esposto per l'integrazione delle equazioni alle derivate parziali fa uso soltanto di tutti e soli i dati necessari e sufficienti per la determinazione della soluzione con le date condizioni iniziali, mentre, ad es., con il metodo della trasformazione di Laplace, si debbono considerare tutti i valori della funzione, anche i punti lontanissimi da quelli in cui interessa, che poi in realtà non debbono influire sulla soluzione trovata. Di più, in questi ultimi esempi delle equazioni a derivate parziali (42) di tipo parabolico, la trasformazione di Laplace ci avrebbe portato fatalmente ad una equazione equivalente alla (53), facendoci incappare in tutte le difficoltà relative, poichè con tale trasformazione non si può eliminare parzialmente l'operatore $\frac{\partial}{\partial x}$ o $\mathfrak{J}$, ed è quindi impossibile fermarsi a mezza strada, come invece abbiamo fatto con l'equazione (44).

Bibl.= Per le relazioni con la trasformazione di Laplace v. [8].

Il metodo ora applicato può estendersi anche al caso di una equazione parabolica con le condizioni iniziali date su una curva Γ qualunque (Cfr. [9]).

Se $x = \psi(y)$ è l'equazione della curva Γ, conviene prendere l'operatore (Cfr. [10]).

$$(54) \qquad \mathfrak{J} f(x,y) = \int_{\psi(y)}^{x} f(t,y)dt .$$

Si ha però

$$(55) \qquad \frac{\partial}{\partial y}\mathfrak{J} f = \mathfrak{J}\frac{\partial}{\partial y} f - f(\psi,y)\cdot\psi'(y) .$$

Da questa si vede che per $\psi' \not\equiv 0$ (se fosse $\psi' \equiv 0$; Γ sarebbe una retta $x = x_0$) c'è la permutabilità fra $\mathfrak{J}$ e $\frac{\partial}{\partial y}$ solo quando è $f(x,y) = 0$ su Γ.

L'insieme di tali f costituisce evidentemente un insieme lineare. Conviene allora assumere come incognita ausiliaria la funzione:

$$z_1(x,y) = \mathfrak{J} \; z(x,y) = \int_{\psi(y)}^{x} z(t,y)dt \tag{56}$$

che è continua e nulla su Γ, e appartiene quindi a questo insieme in cui $\mathfrak{J}$ è permutabile con $\frac{\partial}{\partial y}$.

Si può così risolvere ad es. l'equazione parabolica:

$$\frac{\partial^2 z}{\partial x^2} - b\frac{\partial z}{\partial y} = 0 \qquad b > 0 \tag{57}$$

per cui Volterra (Cfr. [11]) ha dimostrato un teorema di esistenza e di unicità della soluzione (analogo a quello di Dirichlet) quando sia noto soltanto il suo valore su un arco di curva con la concavità verso l'alto e avente gli estremi su una stessa caratteristica y = cost., in tutto il dominio racchiuso dall'arco e dal segmento di caratteristica. Il metodo sviluppato da Del Pasqua (Cfr. [9]) risolve il problema di Cauchy in una striscia intorno a questo arco, e porta nell'interno di tale dominio a due diverse determinazioni secondo che nell'applicare l'operatore $\mathfrak{J}$ (54) si parte dall'uno o dall'altro ramo dell'arco. Da questo risultato sarebbe interessante ottenere l'espressione esplicita della soluzione unica di Volterra in tutto l'interno del dominio, disponendo opportunamente del valore della derivata $\frac{\partial z}{\partial x}$ sull'arco stesso, in modo che le due diverse determinanzioni venissero a coincidere, e cioè in modo che la loro differenza risultasse identicamente nulla.

N. 12. - ESTENSIONE DEL METODO DEGLI OPERATORI INTERNI A CASI PIU' GENERALI.

Sia H uno spazio lineare, K un operatore lineare del campo H, per il quale si possa stabilire un calcolo rigoroso delle sue funzioni g(K), mediante la formula:

$$(24') \qquad g(K)f = \frac{1}{2\pi i}\int_C g(\lambda)d\lambda \, \overset{*}{L}_\lambda f$$

dove $\overset{*}{L}_\lambda$ è l'operatore associato emisimmetrico di K, regolare per λ fuori di A e $g(\lambda)$ una qualunque funzione della regione lineare (A), cioè regolare in A.
Data ora la funzione $h(\lambda, x)$, regolare per λ variabile in un intorno di A e appartenente ad H come funzione di x per ogni tale valore di λ, consideriamo l'operatore associato emisimmetrico $\overset{*}{L}_\lambda$ di K, applicato ad $h(\lambda, x)$ e poniamo per definizione:

$$(58) \qquad SK_\lambda \, h(\lambda, x) = h(K,x) = \frac{1}{2\pi i}\int_C \overset{*}{L}_\lambda h(\lambda, x)\, d\lambda ,$$

in cui C è una curva chiusa, su cui la funzione integranda è regolare, e che racchiude i soli punti singolari in A che nascono per l'applicazione di $\overset{*}{L}_\lambda$.
Si può vedere facilmente (Cfr. [12]) che questo operatore SK ha le seguenti proprietà:

1. $SK_\lambda(h_1 + h_2) = SK_\lambda h_1 + SK_\lambda h_2$
2. $SK_\lambda g(\lambda)f(x) = g(K)f(x)$
3. $SK_\lambda g(\lambda)h(\lambda, x) = g(K)h(K,x)$

Applichiamo queste considerazioni all'operatore "omografia vettoriale", cioè all'operatore:

$$(59) \qquad K\underline{v} = v' \quad , \quad \text{con } \underline{v} = (v_1, v_2, \dots, v_n);$$

e quindi

(59') $$v'_r = \sum_1^n k_{rs} v_s$$

Calcoliamo ora le matrici g(K), che sono operatori per cui è:

(60) $$g(K)\underline{v} = v'$$

ovvero

(60') $$v'_r = \sum g_{rs} v_s \ .$$

L'equazione fondamentale è la solita:

(61) $$\alpha \underline{\overset{*}{\gamma}} - K \underline{\overset{*}{\gamma}} = \underline{v}$$

cioè:

(62) $$(K - \alpha I) \underline{\overset{*}{\gamma}} = - \underline{v}$$

ovvero

(62') $$\sum_s \left(k_{rs} - \delta_{rs} \alpha \right) \overset{*}{\gamma}_s = - v_r$$

in cui δ_{rs} è il simbolo di Kroneker (=I per r=s, =o per r≠s).

Scriviamo poi quella che si dice la "matrice caratteristica" dell'operatore K:

(63) $$(K - \alpha \underline{I}) = \begin{vmatrix} k_{11} - \alpha & k_{12} \ldots\ldots k_{1n} \\ k_{21} & k_{22} - \alpha \ldots\ldots k_{2n} \\ \ldots\ldots & \ldots\ldots \\ k_{n1} & k_{n2} \ldots\ldots k_{nn} - \alpha \end{vmatrix}$$

e indichiamo con $D(\alpha)$ il suo determinante.
Si può risolvere l'equazione fondamentale (62) se α è differente dalle radici di $D(\alpha) = 0$.
Allora l'insieme A dei valori che vanno esclusi per α è quello delle radici μ_r della equazione $D(\alpha) = 0$, che sono sempre tutte finite: $A = (\mu_1, \mu_2, \dots, \mu_s)$. $(s \leq n)$.
Per α fuori di A l'equazione fondamentale (62) o (62') ha quindi una sola soluzione:

(64) $$\underline{\overset{*}{\gamma}} = \overset{*}{L}_\alpha \underline{v} = U(\alpha) v$$

oppure $$\gamma_r = -\sum_{s=1}^{n} \frac{D_{sr}(\alpha)}{D(\alpha)} v_s$$

(65)

ove $U(\alpha)$ è una matrice di elementi

(66) $$u_{rs}(\alpha) = -\frac{D_{sr}(\alpha)}{D(\alpha)}$$

essendo $D_{sr}(\alpha)$ il complemento algebrico dell'elemento nella riga s e nella colonna r in $D(\alpha)$.
L'operatore $\overset{*}{L}_\alpha$ dato dalla (64) o (65) è proprio un operatore lineare che applicato a $\underline{v}$ dà una funzione analitica e biregolare di α, per $\alpha \in A$, e che integrato rispetto ad α, dà sempre ancora un operatore lineare nel vettore $\underline{v}$. Sono dunque verificate le condizioni del N.8, sufficienti per stabilire un calcolo rigoroso degli operatori g(K), avendosi per la (24):

(67) $$g(K)\underline{v} = \frac{1}{2\pi i}\int_C U(\lambda) g(\lambda) d\lambda \cdot \underline{v} = \underline{v}'$$

e cioè:

(67') $$v'_r = \sum_s g_{rs} v_s$$

con

$$(68)\qquad g_{rs} = -\frac{1}{2\pi i}\int_C \frac{D_{sr}(\lambda)}{D(\lambda)}\, g(\lambda)\, d\lambda$$

ove la curva chiusa C racchiude i soli punti singolari in A di $U(\lambda)$.

Se le n radici μ_l di $D(\alpha) = 0$ sono tutte semplici, le g_{rs} sono date da somme di residui: (Cfr. [13]):

$$(69)\qquad g_{rs} = -\sum_{1}^{n}{}_{l}\, \frac{D_{sr}(\mu_l)}{D(\mu_l)}\, g(\mu_l) \,.$$

Possiamo applicare poi il metodo esposto al principio di questo numero alla definizione dell'operazione SK_λ, di sostituzione dell'omografia K a λ entro un vettore $\underline{h}(\lambda) = \left(h_1(\lambda), h_2(\lambda), \ldots, h_n(\lambda)\right)$, con le $h_s(\lambda)$ analitiche e regolari nei punti di $A = (\mu_1, \mu_2, \ldots, \mu_s)$. Possiamo allora definire l'<u>operatore interno</u>:

$$(70)\qquad \underline{h}(K) = SK_\lambda \underline{h}(\lambda) = \frac{1}{2\pi i}\int_C U(\lambda)\, \underline{h}(\lambda)\, d\lambda = \underline{v}'$$

le cui componenti, se le radici μ_l di $D(\alpha)$ sono tutte semplici, sono:

$$(71)\qquad v'_r = -\sum_{1}^{n}{}_{jl}\, \frac{D_{jr}(\mu_l)}{D'(\mu_l)}\, h_j(\mu_l) \,.$$

Anche questi operatori interni (70) possono essere usati con profitto per risolvere equazioni funzionali lineari analoghe alla (32) in cui figuri però l'operatore K invece dell'operatore $\mathcal{J}$ ed SK sia sempre permutabile con gli altri operatori K_j.

Come esempio, consideriamo il sistema differenziale lineare a coefficienti costanti:

$$(72) \qquad \frac{\partial z_r}{\partial x} + \sum_{1}^{n}{}_{j} k_{rj} \frac{\partial z_j}{\partial y} = f_r(x,y) \qquad (r = 1, 2, \dots, n)$$

dove le f_r sono funzioni continue note, e le funzioni incognite $z_r(x,y)$ sono date su un arco di curva Γ, $x = \psi(y)$, che non è tangente ad alcuna retta caratteristica:

$$(73) \qquad \left(z_r(x,y)\right)_{su\,\Gamma} = \varphi_r(x) .$$

Pensato le z_r come componenti di un vettore $\underline{z}$, il sistema (72) può scriversi:

$$(72') \qquad \frac{\partial \underline{z}}{\partial x} + K \frac{\partial \underline{z}}{\partial y} = \underline{f}(x,y)$$

e l'equazione parametrizzata è:

$$(74) \qquad \frac{\partial \overline{\underline{z}}}{\partial x} + \lambda \frac{\partial \overline{\underline{z}}}{\partial y} = \underline{f}(x,y) .$$

Cerchiamo di integrare questa equazione, e, ponendo poi nella soluzione $\overline{\underline{z}}$ l'operatore K al posto di λ mediante la formula (70), ottenere la soluzione della (72'). Questo procedimento è lecito quando l'operatore SK è permutabile con gli altri K_j, che qui sono $\frac{\partial}{\partial x}$ e $\frac{\partial}{\partial y}$ che sono effettivamente permutabili con la matrice a coefficienti costanti K e anche con l'operazione (70). Osservato che la (74) non è che la derivata lungo la direzione λ della $\overline{\underline{z}}$, fissato un punto $P(x,y)$ integriamo $\underline{f}$ dal punto $P_\lambda(x_\lambda, y_\lambda)$, intersezione della retta per P di coefficiente angolare λ con la curva Γ, sino al punto P:

$$(75) \qquad \int_{P_\lambda}^{P} \underline{f} = \int_{x_\lambda}^{x} \underline{f}\left(t, y + \lambda(t - x)\right) dt$$

Questo integrale è nullo, evidentemente per P su Γ, essendo allora $P_\lambda \equiv P$.
Per avere $\underline{\bar{z}}$ poniamo allora:

$$(76) \qquad \underline{\bar{z}} = \int_{x_\lambda}^{x} \underline{f}(t, y+\lambda(t-x))\, dt + \underline{\omega}(y-\lambda x, \lambda)$$

dove $\underline{\omega}$ è il valore di $\underline{\bar{z}}$ in P_λ, che assumiamo coincidente con $\underline{z}$ secondo le (73).
Se $\underline{\bar{z}}$ risulta una funzione analitica e regolare di λ nei punti di A, allora è lecito sostituire, in essa, K a λ.
Per questo è necessario che le caratteristiche uscenti dal punto P(x,y) non siano tangenti alla curva Γ, poichè altrimenti, nell'intorno della radice μ_j coefficiente angolare di una caratteristica tangente a Γ, le funzioni (76) avrebbero una diramazione.
Applicando la formula (71) si ottiene un vettore $\underline{z}$ le cui componenti, sempre nell'ipotesi che le radici di D(α) siano tutte semplici, sono:

$$(77) \qquad z_r = -\sum_{1}^{n}{}_{j} \sum_{\ell} \frac{D_{jr}(\mu_\ell)}{D'(\mu_\ell)} \left[\int_{x_\ell}^{x} f_j(t, y+\mu_\ell(t-x))\, dt + \omega_j(y-\mu_\ell x, \mu_\ell) \right]$$

e costituiscono proprio la soluzione del sistema (72) proposto, con le condizioni iniziali (73). (Cfr. [14]).
Se le radici caratteristiche μ_ℓ sono tutte reali (e semplici), (sistema totalmente iperbolico), queste espressioni hanno senso anche per funzioni solo derivabili, e si può verificare che danno ancora la soluzione del sistema proposto.
Questi operatori:

$$(78) \qquad J_\ell f_s = \int_{x_\ell}^{x} f_s(t, y+\mu_\ell(t-x))\, dt$$

sono detti <u>operatori caratteristici</u> del sistema differenziale (72), e dalla formula precedente (77), che può scriversi:

$$(79) \qquad z_r = \sum c_{jl} \left[\mathcal{J}_l f_j + \omega_j \right]$$

si vede che la soluzione del sistema è data da una combinazione lineare di integrazioni lungo le linee caratteristiche uscenti da P, cioè da una combinazione lineare degli operatori caratteristici.

Se nel sistema compaiono esplicitamente anche le funzioni incognite $z_r(x,y)$, si può tentare di risolvere il sistema col calcolo di funzioni di più operatori $\mathcal{J}_l$. [14] .

N. 13. - CONCETTI E PROPRIETA' GENERALI RELATIVI ALLE FUNZIONI ANALITICHE DI PIU' VARIABILI E LORO FUNZIONALI ANALITICI.

Il calcolo delle funzioni di più operatori, analogamente a quanto si è visto al N. 7., porta allora naturalmente a studiare le funzioni analitiche di più variabili e i funzionali analitici definiti per esse. In questa teoria le n.ple complesse $(t_1,t_2,\ldots,t_n)$ saranno riguardate come punti di uno spazio proiettivo complesso ad n dimensioni (Severi). Una rappresentazione reale e tutta al finito di questo spazio complesso si ha con una varietà V_{2n} di Segre (Cfr. [16]). Si ha con questa convenzione, una migliore rappresentazione delle "n-ple all'infinito", rispetto a quella dell'Osgood, che considera le n-ple complesse come punti dello spazio prodotto topologico di n sfere complesse, il quale ha la varietà all'infinito spezzata in n parti, invece di una sola irriducibile(l'iperpiano all'infinito) come avviene con la convenzione

precedente.
Le definizioni già date ai nn. 2 e 3, per la teoria relativa alle funzioni di una sola variabile, si trasportano senz'altro, o con ovvie variazioni, al caso di funzioni di più variabili, così:
Def. XXV = Si considereranno funzioni analitiche localmente biregolari di n variabili complesse, definite in regioni, anche non connesse, ma non ricoprentisi, della varietà di Segre (Cfr. Def. V e VI) quelle che sono ivi regolari e nulle all'infinito, con la nozione di prolungamento, anche non analitico, come alla Def. VII.; la nozione di "intorno (A, σ)" come alla Def. VIII., e quella di "intorno lineare (A)", come alla Def. IX.
In modo perfettamente analogo come per lo spazio $\mathcal{S}^{(1)}$, si dimostra che l'insieme di queste funzioni analitiche e biregolari di n variabili, con la detta nozione di intorno (A, σ), è uno spazio topologico T_0, che indicheremo con $\mathcal{S}^{(n)}$.
Riferendosi alle Def. X, XI, XII, è chiaro, poi, cosa debba intendersi per regione, insieme lineare e regione lineare di $\mathcal{S}^{(n)}$. Si dimostra anche che in questo spazio $\mathcal{S}^{(n)}$ sussistono ancora i due teoremi fondamentali sulle regioni lineari (Cfr. Teor. I, e Teor. II., del n. 2); le quali si indicano pertanto anche ora con (A), essendo A l'insieme "caratteristico" della regione lineare. Così pure si estende la Def. XIII e il concetto di funzione "data in un intorno di A" e quello di regione lineare ristretta ((A)).
Def. XXVI. = Sia $y(t_1, t_2, \ldots, t_n, \alpha_1, \alpha_2 \ldots, \alpha_r)$ una funzione analitica localmente delle n+r variabili complesse t_s ed α_i, definita in una certa regione $\bar{R}$ del prodotto

topologico delle due varietà di Segre $V_{2n}(t)$ e $V_{2r}(\alpha)$ su cui si rappresentano rispettivamente le n-ple delle t e le r-ple delle α, e indichiamo con Ω_r la regione della varietà di Segre $V_{2r}(\alpha)$, che presenta le r-ple $\alpha_1, \alpha_2 \dots \alpha_r$ che associate ad opportuni valori delle t danno punti di $\bar{R}$. Fissata una tale r-pla in Ω_r, la y si riduce ad una funzione analitica localmente delle t, che supporremo anche birregolare, definita in una regione $R(\alpha_1, \alpha_2, \dots, \alpha_r)$ della varietà di Segre $V_{2n}(t)$.

Indicato con $I(\alpha_1, \alpha_2, \dots, \alpha_r)$ l'insieme chiuso complementare della regione $R(\alpha_1, \alpha_2, \dots, \alpha_r)$ sulla V_{2n}, se questo insieme I varia sempre con continuità (Cfr. Def. XIV) al variare con continuità della r-pla $\alpha_1, \alpha_2, \dots, \alpha_r$ nella regione Ω_r diremo che le funzioni analitiche localmente y delle t, che si ottengono fissando i parametri α in Ω_r, costituiscono una varietà analitica $\mathcal{V}_r$ dello spazio funzionale $\mathcal{S}^{(n)}$.

Per r = 1 la varietà analitica si riduce ad una linea analitica di $\mathcal{S}^{(n)}$.

Def. XXVII = Un funzionale $F[y(t_1, t_2, \dots, t_n)]$ si dice analitico quando:

I. è definito in una regione $\mathcal{R}$ di $\mathcal{S}^{(n)}$;

II. se $y_0 \in \mathcal{R}$, per ogni suo prolungamento $y_1 (\in \mathcal{R})$ è:

$$F[y_1] = F[y_0];$$

III. su ogni pezzo di varietà analitica $y(t_1, t_2, \dots, t_n, \alpha_1, \dots \alpha_r)$ che sia contenuto in $\mathcal{R}$, la funzione:

$$f(\alpha_1, \alpha_2, \dots, \alpha_r) = F[y(t_1, t_2, \dots, t_n, \alpha_1, \alpha_2, \dots, \alpha_r)] \tag{80}$$

è analitica e regolare nei parametri α.

Da questa definizione segue ancora che ogni funzionale analitico è continuo su ogni varietà analitica.

<u>Def. XXVIII</u> = Un funzionale analitico $F[y(t_1,t_2,\dots,t_n)]$ si dice <u>lineare</u> se:

I. è definito in una regione lineare (A) di $\mathcal{S}^{(n)}$;

II. per ogni coppia y_1 ed y_2 di funzioni di(A) è:

$$(81)\quad F[y_1+y_2] = F[y_1] + F[y_2].$$

Si può anche dimostrare che vale il <u>teorema di derivazione sotto il segno di funzionale lineare</u>, che possiamo qui brevemente riassumere con la formula:

$$(82)\quad \frac{\partial}{\partial\alpha_s} F[y(t_1,t_2,\dots,t_n,\alpha_1,\alpha_2,\dots,\alpha_r)] = F\left[\frac{\partial}{\partial\alpha_s} y(t_1,\dots,t_n,\alpha_1,\dots,\alpha_r)\right];$$

e che vale il <u>teorema di integrazione sotto il segno di funzionale lineare</u>, che si ha cioè:

$$(83)\quad \int_{\Lambda_j} F[y(t_1,\dots,t_n,\alpha_1,\dots,\tau_j,\dots,\alpha_r)]\,d\tau_j = F\left[\int_{\Lambda_j} y(t_1,\dots,t_n,\alpha_1,\dots,\tau_j,\dots,\alpha_r)\,d\tau_j\right]$$

Considerata la varietà analitica $\frac{1}{(\alpha_1-t_1)\cdots(\alpha_n-t_n)}$, questa è singolare sugli n iperpiani, $\alpha_k-t_k=0$, e, a differenza di quanto avviene in $\mathcal{S}^{(1)}$, si possono trovare degli insiemi chiusi A dello spazio proiettivo complesso, tali che non vi è alcun pezzo della varietà analitica che penetri nella corrispondente regione lineare (A), poichè qualche iperpiano singolare incontra sempre A.

Se però A è tutto al finito, proiettandolo ortogonalmente sugli n assi $t_1,t_2,\dots,t_n$ si ottengono n insiemi chiusi: $A_1,A_2,\dots,A_n$, e allora per $\alpha_k \notin A_k$, $k=1,2,\dots,n$,(e del resto per le α_k abbastanza grandi), la varietà $\frac{1}{(\alpha_1-t_1)\cdots(\alpha_n-t_n)}$ considerata penetra certamente nella regione (A).

Def. XXIX = Se $F\left[y(t_1,\ldots,t_n)\right]$ è un funzionale analitico lineare definito in (A), la funzione analitica e regolare:

$$(84)\qquad u(\alpha_1,\alpha_2,\ldots,\alpha_n) = F\left[\frac{1}{(\alpha_1-t_1)\cdots(\alpha_n-t_n)}\right]$$

per le α_k fuori di A_k, si dice l'indicatrice emisimmetrica di F.

Def. XXX = Se $F\left[y(t_1,\ldots,t_n)\right]$ è un funzionale analitico lineare definito in (A), con A tutto al finito, la funzione analitica:

$$(85)\qquad w(\alpha_1,\alpha_2,\ldots,\alpha_n) = F\left[\frac{1}{(1-\alpha_1 t_1)\cdots(1-\alpha_n t_n)}\right]$$

regolare per ogni n-pla $\alpha_1,\alpha_2,\ldots,\alpha_n$, con α_k finita e fuori dell'insieme $\bar{A}_k$ dei reciproci dei valori di A_k, che sono diversi da zero, dicesi l'indicatrice simmetrica di F.

Le due indicatrici sono anche ora legate dalle relazioni, di immediata verifica:

$$(86)\qquad \begin{aligned} w(\alpha_1,\alpha_2,\ldots,\alpha_n) &= \frac{1}{\alpha_1\cdot\alpha_2\cdots\alpha_n}\, u\left(\frac{1}{\alpha_1},\frac{1}{\alpha_2},\ldots,\frac{1}{\alpha_n}\right) \\ u(\alpha_1,\alpha_2,\ldots,\alpha_n) &= \frac{1}{\alpha_1\cdot\alpha_2\cdots\alpha_n}\, w\left(\frac{1}{\alpha_1},\frac{1}{\alpha_2},\ldots,\frac{1}{\alpha_n}\right) \end{aligned}$$

Si osservi che, essendo A tutto al finito, l'indicatrice simmetrica w è regolare nell'origine, e quindi ammette uno sviluppo in serie di potenze convergente in un intorno di questo punto:

$$(87)\qquad w(\alpha_1,\alpha_2,\ldots,\alpha_n) = \sum_{0}^{\infty}{}_{r_1 r_2\ldots r_n}\, \xi_{r_1 r_2\ldots r_n}\, \alpha_1^{r_1}\alpha_2^{r_2}\cdots\alpha_n^{r_n}\,;$$

e si trova che è ancora:

$$(88) \qquad \xi_{r_1 r_2 \dots r_n} = F\left[t_1^{r_1} t_2^{r_2} \dots t_n^{r_n} \right] .$$

Bibl. = [1] pagg. 88 - 99; [16].

N. 14. - L'INDICATRICE PROIETTIVA DI UN FUNZIONALE ANALITICO LINEARE E IL PRODOTTO FUNZIONALE PROIETTIVO.

E' ora da osservare che, pur apparendo la varietà analitica $\frac{1}{(\alpha_1 - t_1) \dots (\alpha_n - t_n)}$ come la naturale estensione della linea analitica $\frac{1}{\alpha - t}$ dello spazio $\mathcal{S}^{(1)}$, tuttavia la sua funzione generica delle t non è la più semplice funzione analitica in n variabili, avendo n iperpiani singolari.
La più semplice funzione analitica è invece la funzione $\frac{1}{1 + \alpha_1 t_1 + \dots + \alpha_n t_n}$ che è singolare solo sull'iperpiano $1 + \alpha_1 t_1 + \dots \alpha_n t_n = 0$, ove ha solo una singolarità polare del 1° ordine.
Se le α_i sono molto piccole questo iperpiano è lontanissimo dall'origine, e quindi se l'insieme chiuso A è tutto al finito, la linea analitica $\frac{1}{1 + \alpha_1 t_1 + \dots + \alpha_n t_n}$ penetra certamente nella regione funzionale lineare (A).
Def. XXXI = Se il funzionale analitico lineare F è definito nella regione (A), con A tutto al finito, la funzione analitica:

$$(89) \qquad p(\alpha_1, \alpha_2, \dots, \alpha_n) = F\left[\frac{1}{1 + \alpha_1 t_1 + \dots + \alpha_n t_n} \right]$$

regolare in una certa regione contenente l'origine, si dice l'indicatrice proiettiva di F.
Questa indicatrice si presenta concettualmente come la più

semplice.
Per n = 1 si ha evidentemente:

$$(90) \qquad p(\alpha) = F\left[\frac{1}{1+\alpha t}\right] = w(-\alpha)$$

e quindi, per i funzionali lineari delle funzioni di una sola variabile, l'indicatrice proiettiva si ottiene immediatamente da quella simmetrica, e viceversa si ottiene la w dalla p nello stesso modo:

$$(91) \qquad w(\alpha) = p(-\alpha).$$

Per n $\geqslant$ 2, invece, l'indicatrice proiettiva differisce sostanzialmente dalle altre indicatrici.
Poichè essa è regolare nell'origine, è anch'essa sviluppabile come la w, in serie di potenze convergente assolutamente in un intorno di questo punto:

$$(92) \qquad p(\alpha_1,\alpha_2,\dots,\alpha_n) = \sum_{r_1 r_2 \dots r_n} p_{r_1 r_2 \dots r_n}\, \alpha_1^{r_1} \alpha_2^{r_2} \dots \alpha_n^{r_n} .$$

Derivando sotto il segno di funzionale lineare la (89) si trova facilmente, ricordando la (88), che è:

$$(93) \qquad \xi_{r_1 r_2 \dots r_n} = \frac{(-1)^r r_1!\, r_2! \dots r_n!}{r!}\, p_{r_1 r_2 \dots r_n} \qquad (r = r_1 + r_2 + \dots + r_n).$$

Noti pertanto i coefficienti $p_{r_1 \dots r_n}$ della $p(\alpha_1,\alpha_2,\dots,\alpha_n)$, sono noti anche quelli $\xi_{r_1 \dots r_n}$ della $w(\alpha_1,\alpha_2,\dots,\alpha_n)$, e quindi, nota la p resta determinata in un intorno dell'origine anche la w.
Si incontra ora un'altra differenza dal caso di funzioni

analitiche di una variabile; la formula di Cauchy per funzioni di più variabili, ci dà solo funzioni regolari nel prodotto topologico di certi insiemi entro le n curve d'integrazione.

Così per poter applicare la formula di Cauchy è necessario che la funzione $y \in (A)$ sia regolare anche in tutto il prodotto topologico $A^* = A_1 \ldots A_n$, cioè sia $y \in (A^*)$. Pertanto solo per queste funzioni di $(A^*) \subset (A)$ possiamo calcolare il valore del funzionale lineare F, con lo stesso metodo usato per i funzionali lineari della funzioni di una variabile. (v. n. 4).

Data infatti una $y(t_1, t_2, \ldots, t_n) \in (A^*)$, e cioè regolare nei punti (tutti al finito) di A^*, sulla sfera complessa α_r c'è l'insieme A_r, pure tutto al finito; possiamo racchiudere ognuno di questi A_r entro una curva C_r sufficientemente ristretta in modo che la $y \in (A^*)$ sia sempre regolare nel dominio prodotto topologico degli n domini racchiusi dalle n curve chiuse C_r. Allora all'interno di tale dominio resta definita, mediante la formula di Cauchy, una funzione $\bar{y}$, della quale la y è prolungamento.

Applicando quindi il funzionale lineare, si ottiene:

$$(94) \quad F[y(t_1, \ldots, t_n)] = \frac{1}{(2\pi i)^n} \int_{C_1} d\lambda_1 \int_{C_2} d\lambda_2 \ldots \int_{C_n} d\lambda_n \, u(\lambda_1, \lambda_2, \ldots, \lambda_n) \, y(\lambda_1, \lambda_2, \ldots, \lambda_n)$$

che è la formula fondamentale per i funzionali lineari di funzioni di più variabili.

Da questa espressione di F per le funzioni $y \in (A^*)$ si potrebbe poi passare facilmente, mediante la seconda delle (86), a un'espressione integrale analoga, in cui invece della u, compaia l'indicatrice simmetrica w.

Se poi ci limitiamo a considerare una parte ancora più ristretta di (A^*), possiamo specificare nella formula pre cedente le curve C_r in circoli con centro nell'origine. Consideriamo infatti quelle funzioni $y(t_1,\dots,t_n)$ che sono regolari nell'n-cilindro Q:

$$(95) \qquad |t_k| \leq \rho_k \qquad (k=1,2,\dots,n)$$

se ρ_k è la massima distanza dei punti di A_k dall'origine (n-cilindro che contiene dunque A^* e quindi anche A, ed è anzi il minimo n-cilindro con centro nell'origine che goda di questa proprietà).

Chiameremo poi n-cilindro "associato" del precedente (95) l'n-cilindro con centro nell'origine che ha per raggi i reciproci dei precedenti, e cioè l'n-cilindro $\bar{Q}$:

$$(96) \qquad |\alpha_k| \leq \bar{\rho}_k = \frac{1}{\rho_k} \qquad (k=1,2,\dots,n)$$

Dalla (85) è allora facile verificare che l'indicatrice simmetrica w del funzionale lineare F definito in (A), risulta regolare all'interno dell'n-cilindro $\bar{Q}$, e che questo è il più ampio n-cilindro in cui questa proprietà è verificata. Di conseguenza, quando sia noto che la indicatrice simmetrica di un funzionale lineare F è regolare in un n-cilindro Q'

$$(97) \qquad |\alpha_k| < \rho'_k \qquad (k=1,2,\dots,n)$$

risulterà necessariamente $Q' \subset \bar{Q}$ e cioè:

$$(98) \qquad \rho'_k \leq \bar{\rho}_k \qquad (k=1,2,\dots,n)$$

e quindi l'n-cilindro associato di Q', dato da

$$(99) \qquad |t_k| \leq \frac{1}{\rho'_k} \geq \frac{1}{\bar{\rho}_k} = \rho_k$$

contiene certamente l'n-cilindro $Q \supset A^* \supset A$.
Dunque ogni funzione $y(t_1,\ldots,t_n)$ regolare in un n-cilindro (99), associato di un n-cilindro Q', (97), in cui sia regolare l'indicatrice simmetrica w, appartiene certamente alla regione lineare $(A^*) \subset (A)$ in cui il funzionale è definito e per essa il valore del funzionale F può essere dato dalla formula (94) o dall'analoga con l'indicatrice simmetrica, prendendo come curve d'integrazione C_r proprio dei circoli con centro nell'origine e raggi un poco maggiori di ρ_k, in modo che su questi circoli e all'interno la y sia sempre regolare.
Volendo invece ottenere il valore del funzionale lineare F mediante la sua indicatrice proiettiva p, supponiamo che questa sia data dallo sviluppo (92) in un n-cilindro Q' con centro nell'origine, di equazioni (97). Ma allora le (93) ci dicono che lo sviluppo (87) della indicatrice simmetrica w si può ottenere dallo sviluppo (92) di p alterandone i coefficienti per fattori in modulo minori di 1; si costruisce così uno sviluppo di w, che converge certamente nello stesso n-cilindro Q'; e in tal modo la w risulta data da un operatore lineare K_n applicato a p; cioè $w = K_n p$. Ottenuta così la w con questo operatore K, e da w la u con la seconda delle (86), basta poi applicare la formula integrale (94), (con le curve d'integrazione tutti circoli, come si è visto) per avere il valore del funzionale lineare F espresso mediante l'indicatrice proiettiva p, per ogni funzione y che sia regolare nell'n-cilindro associato di Q'. Si ottiene così (Cfr. [17] N. 7.) la formula:

$$(100) \quad F[y(t_1,\ldots,t_n)] = \frac{1}{(2\pi i)^n} \int_{C_1} d\lambda_1 \cdots \int_{C_n} d\lambda_n \int_{\Omega} d\tau \, \frac{1}{\lambda_1\lambda_2\cdots\lambda_n} \, p\left(\frac{-\tau_1}{\lambda_1}, \frac{\tau_1-\tau_2}{\lambda_2}, \ldots, \frac{\tau_{n-1}-1}{\lambda_n}\right) \cdot y_1(\lambda_1,\lambda_2,\ldots,\lambda_n)$$

dove, dunque, le curve C_r sono dei circoli dei piani λ_r con centro nell'origine, tali che su di essi e all'interno la y si mantenga regolare mentre su essi e all'esterno si mantenga regolare l'altro fattore che figura nella funzione integranda; Ω è un campo di integrazione (fisso) rispetto alle variabili τ , costituito dalla piramide a n-1 dimensioni dello spazio τ_1 , τ_2 ,..., τ_{n-1}, che ha per vertici l'origine e i punti unitari degli assi coordinati; e $d\tau = d\tau_1 \cdot d\tau_2 \ldots d\tau_{n-1}$ è l'elemento di volume di questa piramide; infine si è indicata con y_1 la funzione:

$$(101) \qquad y_1(\lambda_1,\lambda_2\ldots\lambda_n) = \frac{\partial^{n-1}}{\partial t^{n-1}}\bigg|_{t=1} \left\{ t^{n-1} \cdot y(t\lambda_1, t\lambda_2, \ldots, t\lambda_n) \right\}$$

Def. XXXII = L'espressione che compare a secondo membro della formula (100) si dice il prodotto funzionale proiettivo della p per la y, e si indica col simbolo

$$p \, \nabla \, y \qquad o \qquad \overset{\blacktriangle\blacktriangle}{py} \; .$$

Se supponiamo che la y sia data, nell'n-cilindro associato di Q', dalla serie ivi assolutamente convergente:

$$(102) \qquad y(\lambda_1,\lambda_2,\ldots,\lambda_n) = \sum_{\tau_1\tau_2\ldots\tau_n} y_{\tau_1\tau_2\ldots\tau_n} \lambda_1^{\tau_1} \lambda_2^{\tau_2} \ldots \lambda_n^{\tau_n}$$

si può dimostrare, anche, che questo prodotto funzionale proiettivo $p\nabla y$ viene dato dalla serie assolutamente convergente:

$$(103) \qquad p \, \nabla \, y = \sum_{\tau_1\tau_2\ldots\tau_n} \frac{(-1)^{\tau} \tau_1! \tau_2! \ldots \tau_n!}{\tau!} \, p_{\tau_1\tau_2\ldots\tau_n} \, y_{\tau_1\tau_2\ldots\tau_n}$$

$$(\tau = \tau_1 + \tau_2 + \ldots + \tau_n)$$

che risulta dunque un funzionale bilineare e simmetrico di p e di y:

$$(104) \qquad p \nabla y = y \nabla p .$$

Vogliamo infine osservare che tale prodotto funzionale proiettivo è importante per la teoria delle funzioni analitiche di più variabili, poichè essendo:

$$(105) \qquad f(t_1, t_2, \dots, t_n) \nabla \frac{1}{1 + \alpha_1 t_1 + \dots + \alpha_n t_n} = f(\alpha_1, \alpha_2, \dots, \alpha_n)$$

si vede che esso può servire ad esprimere il valore di una funzione f in un punto, in modo analogo a quanto accade con la formula di Cauchy.

Si può dimostrare poi che il prodotto funzionale proiettivo non cambia di valore se nelle variabili di una delle due funzioni si effettua una qualunque sostituzione lineare omogenea a coefficienti costanti, e contemporaneamente si effettua la trasformazione lineare duale sulle variabili dell'altra.

Bibl. [17] .

N. 15. - I FUNZIONALI ABELOIDI.

E' interessante il caso in cui l'indicatrice proiettiva sia una funzione razionale

$$(106) \qquad p(\lambda_1, \lambda_2, \dots, \lambda_n) = \frac{P(\lambda_1, \lambda_2, \dots, \lambda_n)}{Q(\lambda_1, \lambda_2, \dots, \lambda_n)} .$$

Def. XXXIII = I funzionali analitici lineari che hanno come indicatrice proiettiva una funzione razionale p,(106), si dicono funzionali abeloidi. Questi funzionali abeloidi hanno importantissime applicazioni nella teoria delle equazioni a derivate parziali lineari, a coefficienti costanti, come sarà dimostrato in seguito e sono interessanti anche per il fatto che, in tal caso, si può fare un passo innanzi nel calcolo dell'espressione integrale (100) del prodotto funzionale proiettivo $p \nabla y = F[y]$ eseguendo effettivamente una delle integrazioni indicate, per es. quella rispetto a λ_n.

Se infatti supponiamo per semplicità che il polinomio Q a denominatore non abbia parti multiple (nel qual caso non si avrebbe nessuna maggiore difficoltà concettuale, ma solo qualche maggiore complicazione di calcolo, per la presenza anche delle successive derivate della funzione y) e sia m il grado rispetto alla variabile λ_n, potremo indicare con

$$(107) \qquad \lambda_n = \theta_r(\lambda_1, \lambda_2, \dots, \lambda_{n-1}) \qquad (r=1,2,\dots,m)$$

le m radici, in generale distinte, dell'equazione

$$(108) \qquad Q(\lambda_1, \lambda_2, \dots, \lambda_n) = 0 .$$

Quindi la p, pensata come funzione della sola λ_n, avrà m poli semplici nei punti (107), e questi soltanto, se si suppone in più che il numeratore P di p sia di grado inferiore ad m rispetto a λ_n. Ma allora p sarà data proprio dalla somma delle sue parti principali negli m poli semplici (107), sarà cioè del tipo:

$$(109)\qquad p(\lambda_1,\dots,\lambda_n) = \frac{P}{Q} = \sum_{1}^{m}{}_r \frac{c_r(\lambda_1,\dots,\lambda_{n-1})}{\lambda_n - \vartheta_r(\lambda_1,\dots,\lambda_{n-1})}$$

ove i numeratori c_r non sono altro che i residui di p nei poli ϑ_r, e quindi dati dalle formule:

$$(110)\qquad c_r(\lambda_1,\dots,\lambda_{n-1}) = \frac{P(\lambda_1,\lambda_2,\dots,\lambda_{n-1},\vartheta_r(\lambda_1\dots\lambda_{n-1}))}{Q'_n(\lambda_1,\dots,\lambda_{n-1},\vartheta_r(\lambda_1,\dots,\lambda_{n-1}))} = \left(\frac{P}{Q'_n}\right)_{\lambda_n=\vartheta_r} = \left(\frac{P}{Q'_n}\right)_r$$

ove abbiamo indicato con Q'_n la derivata

$$(111)\qquad Q'_n = \frac{\partial Q}{\partial \lambda_n}\ .$$

Questi residui c_r sono dunque i valori della funzione razionale $\frac{P}{Q'_n}$, considerata però sulla ipersuperficie algebrica Q = 0 che definisce le ϑ_r.

Sostituendo l'espressione (109) della p nella formula integrale (100) ed eseguendo per prima l'integrazione rispetto a λ_n, si ha allora:

$$(112)\qquad F[y] = p^\nabla y = \frac{1}{(2\pi i)^{n-1}}\int_{C_1} d\lambda_1\cdots\int_{C_{n-1}} d\lambda_{n-1}\int_{\Omega} dz \left\{\sum_{1}^{m}{}_r \frac{1}{2\pi i}\int_{C_n}\left[\frac{\overline{P}_r}{\overline{Q}_{n,r}}\cdot\frac{1}{\lambda_1\lambda_2\cdots\lambda_n}\cdot\frac{1}{\frac{z_{n-1}-1}{\lambda_n}-\overline{\vartheta}_r}\cdot y\, d\lambda_n\right]\right\}$$

ove abbiamo indicato con $\overline{f}_r$ la funzione che si ottiene da $f(\lambda_1,\dots,\lambda_n)$ sostituendo λ_n con $\vartheta_r(\lambda_1,\dots,\lambda_{n-1})$ e poi le $\lambda_1,\lambda_2,\dots,\lambda_{n-1}$ con $\frac{-z_1}{\lambda_1}$, $\frac{z_1-z_2}{\lambda_2}$, ..., $\frac{z_{n-2}-z_{n-1}}{\lambda_{n-1}}$ rispettivamente.

Ma ciascuno degli integrali interni si riduce al residuo nell'unico polo semplice, interno a C_n, nel punto:

$$(113)\qquad \lambda_n = \frac{z_{n-1}-1}{\overline{\vartheta}_r}$$

cioè si ha:

$$(114)\quad \frac{1}{2\pi i}\int_{C_n} \frac{\overline{P}_r}{\overline{Q}'_{n,r}}\cdot\frac{1}{\lambda_1\cdots\lambda_{n-1}}\cdot\frac{1}{\tau_{n-1}-1-\lambda_n\overline{\theta}_r}\cdot y_1(\lambda_1,\dots,\lambda_n)\,d\lambda_n=$$

$$=\frac{1}{\lambda_1\cdots\lambda_{n-1}}\cdot\frac{\overline{P}_r}{\overline{Q}'_{n,r}}\cdot\left(\frac{-1}{\overline{\theta}_r}\right)\cdot y_1\left(\lambda_1,\lambda_2,\dots,\lambda_{n-1},\frac{\tau_{n-1}-1}{\overline{\theta}_r}\right)$$

e quindi la formula (112) diviene:

$$F[y]=p\nabla y=$$

$$(115)\quad =\frac{1}{(2\pi i)^{n-1}}\int_{C_1}d\lambda_1\cdots\int_{C_{n-1}}d\lambda_{n-1}\int_{\Omega}d\tau\left\{-\sum_{1}^{m}{}_r\,\frac{1}{\overline{\theta}_r}\cdot\frac{1}{\lambda_1\cdots\lambda_{n-1}}\cdot\frac{\overline{P}_r}{\overline{Q}'_{n,r}}\cdot y_1\left(\lambda_1,\dots,\lambda_{n-1},\frac{\tau_{n-1}-1}{\overline{\theta}_r}\right)\right\}$$

espressione integrale con <u>una integrazione di meno</u> rispetto alla (100), dovuta al fatto che p è razionale. (Cfr. [17] , n. 22).

Particolarmente notevole si presenta poi l'espressione dei funzionali abeloidi delle funzioni $y(t_1,t_2)$ di due variabili. Infatti dalla formula precedente, per n=2, si ottiene semplicemente, nel caso che sia P = 1 (che è quello che a noi interessa nelle applicazioni):

$$F[y(t_1,t_2)]=\frac{1}{Q}\nabla y=$$

$$(116)\quad =\frac{1}{2\pi i}\int_{C_1}d\lambda_1\int_0^1 d\tau\left\{-\sum_{1}^{m}{}_r\,\frac{1}{\lambda_1\overline{\theta}_r\,\overline{Q}'_{2,r}}\cdot y_1\left(\lambda_1,\frac{\tau-1}{\overline{\theta}_r}\right)\right\}=\sum_{1}^{m}{}_r Z_r$$

con

$$(117)\quad Z_r=-\frac{1}{2\pi i}\int_{C_1}d\lambda_1\int_0^1 d\tau\,\frac{1}{\lambda_1\overline{\theta}_r\,\overline{Q}'_{2,r}}\cdot y_1\left(\lambda_1,\frac{\tau-1}{\overline{\theta}_r}\right)$$

(r=1,2,...,m)

Assumendo ora come variabili d'integrazione gli argomenti

di y_1, e cioè:

(118) $$x_1 = \lambda_1 \quad , \quad x_2 = \frac{r-1}{\overline{\theta}_r}$$

ciascuno di questi integrali Z_r assume la forma, ([17], n. 24)

(119) $$Z_r = \int_0^{-\frac{1}{\overline{\theta}_r(0)}} dx_2 \cdot \frac{1}{2\pi i} \int_{C_1} \frac{1}{x_1 \overline{Q}'_{2r} - x_2 \overline{Q}'_{1,r}} \cdot y_1(x_1, x_2) dx_1$$

ove è da ricordare che C_1 è una curva chiusa del piano complesso x_1, tale che la y_1 sia regolare su essa e all'interno, mentre l'altro fattore (funzione algebrica delle x_1, x_2) sia regolare su essa e all'esterno.
Tale fattore non è altro che il reciproco del determinante jacobiano delle due funzioni di α_1 e α_2:

(120) $$q = \alpha_1 x_1 + \alpha_2 x_2 + 1 = 0$$
$$Q = Q(\alpha_1, \alpha_2) = 0$$

e cioè dell'espressione

(121) $$J = \frac{\partial(q, Q)}{\partial(\alpha_1, \alpha_2)} = x_1 \frac{\partial Q}{\partial \alpha_2} - x_2 \frac{\partial Q}{\partial \alpha_1}$$

quando in essa si pensino sostituiti, al posto di α_1 e α_2, i loro valori in funzioni di x_1 e x_2, ricavati dalle (120). Questa funzione integranda diviene dunque singolare precisamente sulla curva:

(122) $$J(x_1, x_2) = 0$$

che è una <u>curva di diramazione</u>, per le coppie di soluzio

ni delle (120), date dalle α_1 , α_2 in funzioni di x_1, x_2. Infatti tali coppie di soluzioni ci danno proprio i coefficienti delle rette q=0, passanti per il punto x_1, x_2, che appartengono all'inviluppo di equazione Q=0, (di classe m; se m è l'ordine di Q) e quindi, quando il punto x_1, x_2 viene a cadere sulla curva (122), due di queste, cioè <u>due coppie di soluzioni</u>, vengono a coincidere. Dunque la (122), cioè la J = 0 non è altro che l'equazione della curva luogo, inviluppata dalle rette dell'inviluppo Q = 0 .
Sostituendo le espressioni (119) delle Z_r, nella (116), si ha poi la formula finale:

(123) $$F[y(t_1,t_2)] = \frac{1}{Q} Dy = \sum_{1}^{m}{}_r \int_0^{-\frac{1}{\theta_r(0)}} dx_2 \cdot \frac{1}{2\pi i} \int_{C_1} \frac{1}{J_r(x_1,x_2)} \cdot y_1(x_1,x_2)\, dx_1$$

ove è da osservare che la funzione integranda ha la curva (122)come curva di diramazione, e diviene in generale <u>infinita di ordine</u> 1/2 su tale curva.
Riguardo all'estremo superiore:

(124) $$k_r = -\frac{1}{\theta_r(0)}$$

dell'integrale esterno, in ciascuno degli m termini, è poi utile notare che $\theta_r(0) = \alpha_r$ è la radice r.ma dell'equazione

(125) $$Q(0, \alpha_2) = 0$$

e quindi ci dà il 2° coefficiente di una retta (α_1 , α_2), per cui è $\alpha_1 = 0$, retta che ha dunque l'equazione

$$(126)\qquad \alpha_2 x_2 = -1 \qquad x_2 = -\frac{1}{\alpha_2} = -\frac{1}{\theta_2(0)}$$

ed è quindi <u>parallela all'asse</u> x_1, e, per la (125), <u>appartiene all'inviluppo</u> $Q = 0$. Dunque l'estremo superiore k_r è precisamente l'ordinata di quella retta dell'inviluppo $Q = 0$, che è parallela all'asse x_1, e corrisponde alla determinazione r.ma, scelta per la funzione algebrica $J_r(x_1,x_2)$, cioè per la coppia variabile (retta) α_1, α_2 (in funzione di x_1,x_2), da sostituirsi nella (121) per ottenere J_r.

Così per es. nel caso che l'equazione $Q = 0$ rappresenti l'inviluppo del cerchio con centro nell'origine e raggio 1, si può facilmente calcolare, dalla formula precedente, il prodotto funzionale proiettivo di $\frac{1}{Q}$ per y, che viene espresso dalla (Cfr. [17],n. 25):

$$(127)\qquad \frac{1}{Q}\nabla y = \frac{1}{1-x_1^2-x_2^2}\nabla y = \frac{1}{2\pi i}\iint_D \frac{1}{\sqrt{1-x_1^2-x_2^2}}\cdot y_1(x_1,x_2)\,dx_1 dx_2 .$$

Un altro esempio interessante (Cfr. [18]) ci viene dato dal funzionale abeloide $p\nabla y$ in cui p è l'inverso del polinomio di 3° grado

$$(128)\qquad Q(\alpha_1, \alpha_2) \equiv 4\alpha_1^3 - 15\alpha_1^2 - 27\alpha_2^2 + 12\alpha_1 + 4$$

che eguagliato a zero rappresenta l'equazione tangenziale di una cardioide del piano x_1,x_2, la quale ha la cuspide nell'origine, è simmetrica rispetto all'asse x_1, ed ha una retta doppia nella retta $x_1 = -1/2$, tangente nei due punti di ordinata $x_2 = \pm\frac{\sqrt{3}}{2}$.

Da ogni punto $P(x_1,x_2)$ del piano si hanno tre tangenti alla cardioide, e, mentre P si avvicina dall'esterno alla

cardioide, due di queste vanno a coincidere.
Il determinante jacobiano $J(x_1,x_2) = \frac{\partial(q,Q)}{\partial(\alpha_1,\alpha_2)} = x_1Q_2' - x_2Q_1'$ è una funzione algebrica con tre determinazioni, ed è $J(x_1,x_2) = 0$ sulla cardioide e sulla retta bitangente ad essa: $x_1 = -1/2$.
Si dimostra (Cfr. [18]) che è:

(129)
$$p\nabla y = \sum_1^2 {}_r \int_0^{k_r} dx_2 \frac{1}{2\pi i}\int_{C_1} \frac{1}{J(x_1,x_2)}\, y_1(x_1,x_2)\, dx_1 ,$$

ove C_1 racchiude le singolarità di $\frac{1}{J}$, e $x_2 = k_r = \pm\frac{2}{3\sqrt{3}}$ sono le tangenti alla cardioide parallele all'asse delle x_1; e

$$y_1(x_1,x_2) = \frac{\partial}{\partial t}\Big\{t\cdot y(tx_1, tx_2)\Big\}_{t=1} .$$

Ora la curva separatrice C_1 racchiude su ogni retta $x_2 = k$ (con $|k| \leq \frac{2}{3\sqrt{3}}$) tre punti: quello R sulla retta doppia, di ascissa $x_1 = -1/2$, e altri due punti di ascissa $x_1 = c(x_2)$ e $x_1 = d(x_2)$, intersezioni della $x_2 = k$ con la cardioide; Poichè si verifica che R è un polo semplice per $\frac{1}{J}$, se si trova fra i due punti di contatto della retta doppia, e gli altri due punti sono di diramazione per questa funzione, e in essi tale funzione

diventa infinita soltanto di ordine 1/2, la curva C_1 si può quindi ridurre ad un circuito Γ attorno ad R e ai due bordi di un taglio tra i due rimanenti punti; in tal modo la precedente formula diviene:

(130)
$$p\nabla y = \int_{k_1}^{k_2} dx_2 \cdot \frac{1}{\pi}\int_{c(x_2)}^{d(x_2)} \frac{1}{J^*(x_1,x_2)}\cdot y_1(x_1,x_2)\, dx_1 + \frac{1}{36\sqrt{3}}\int_{-\frac{\sqrt{3}}{2}}^{+\frac{\sqrt{3}}{2}} y_1\left(-\frac{1}{2}, x_2\right) dx_2$$

ove abbiamo indicato con $\frac{1}{J^*}$ il salto della funzione $\frac{1}{J}$ sui due bordi del taglio (il valore sul bordo inferiore meno quello sul bordo superiore).

In definitiva si può dimostrare che è:

$$(131)\quad p\nabla y = \frac{1}{\pi}\iint_D \frac{1}{J^*(x_1,x_2)}\, y_1(x_1,x_2)\,dx_1\,dx_2 + \frac{1}{36\sqrt{3}}\int_{-\frac{\sqrt{3}}{2}}^{+\frac{\sqrt{3}}{2}} y_1\left(-\frac{1}{2},x_2\right)dx_2$$

nella quale si è indicato con D il dominio del piano racchiuso dalla cardioide. In questa formula si vede come la singolarità della funzione agisce in diverso modo: il punto doppio dà un contributo espresso dall'integrale semplice, mentre l'integrale doppio dà il contributo della singolarità "spalmato" su tutto D.

N. 16. - METODO PER L'INTEGRAZIONE DELLE EQUAZIONI A DERIVATE PARZIALI LINEARI, A COEFFICIENTI COSTANTI, DI ORDINE QUALUNQUE, IN UN NUMERO QUALUNQUE DI VARIABILI.

L'equazione differenziale più generale di questo tipo è:

$$(132)\quad \frac{\partial^m z}{\partial x_0^m} + \sum a_{r_0 r_1 \dots r_n} \frac{\partial^{r_0+r_1+\dots+r_n} z}{\partial x_0^{r_0}\partial x_1^{r_1}\dots\partial x_n^{r_n}} = f(x_0,x_1,\dots,x_n)$$

Possiamo però sempre supporre di trovarci nel caso "ridotto" o "omogeneo", nel caso cioè in cui tutte le derivate sono di ordine massimo m, come si può sempre fare aggiungendo una altra variabile x_{n+1} e prendendo come nuova indognita ausiliaria la funzione $z^* = e^{x_{n+1}} \cdot z$.

Sia quindi:

$$(133)\quad \frac{\partial^m z}{\partial x_0^m} + \sum a_{r_0 r_1 \dots r_n} \frac{\partial^m z}{\partial x_0^{r_0} \partial x_1^{r_1} \dots \partial x_n^{r_n}} = f(x_0, x_1, \dots, x_n)$$

con $r_0 + r_1 + \dots + r_n = m$

l'equazione differenziale ridotta da integrare, e per la quale supponiamo che il problema di Cauchy si possa risolvere sull'iperpiano $x_0 = 0$ (dato che il coefficiente della derivata massima rispetto ad x_0 è uguale a $1 (\neq 0)$), con i dati iniziali:

$$(134)\quad \left(\frac{\partial^r z}{\partial x_0^r}\right)_{x_0=0} = \varphi_r(x_1, x_2, \dots, x_n), \qquad (r=1,2,\dots,m-1)$$

analitici insieme con la funzione f, nell'intorno di un punto $\bar{P}(0, \bar{x}_1, \bar{x}_2, \dots, \bar{x}_n)$.

Introdotti gli operatori:

$$(135)\quad \mathcal{J}f = \int_0^{x_0} f(t, x_1, \dots, x_n)\, dt$$

e

$$(136)\quad B_s f = \frac{\partial}{\partial x_s} \mathcal{J} f = \mathcal{J} \frac{\partial}{\partial x_s} f = \int_0^{x_0} f'_s(t, x_1, \dots, x_n)\, dt \qquad (s=1,2,\dots,n)$$

si vede che $\mathcal{J}$ è permutabile con le derivazioni rispetto alle altre variabili x_s, e quindi con i B_s e che questi lo sono tra loro.

Applichiamo allora m volte l'operatore $\mathcal{J}$ alla (133), si ottiene:

$$(137)\quad z + \sum a_{r_0 r_1 \dots r_n} \mathcal{J}^{m-r_0} \frac{\partial^{m-r_0} z}{\partial x_1^{r_1} \dots \partial x_n^{r_n}} = \bar{f}(x_0, \dots, x_n)$$

nel termine noto $\bar{f}$ della quale sono conglobati anche tutti i dati iniziali (134). Si vede facilmente che questa equazione (137) è anzi equivalente alla (133) presa insieme con i dati iniziali (134). Dal teorema generale di Cauchy, sappiamo d'altra parte che la (133) con i dati iniziali (134) ha una e una sola soluzione, regolare nell'intorno di $\bar{P}$, e quindi anche l'equazione integro-differenziale (137) ammette pure una e una sola soluzione coincidente con la precedente.

Osserviamo ora che la (137) può scriversi nella forma:

$$(137') \qquad z + \sum a_{r_1 r_2 \dots r_n} B_1^{r_1} B_2^{r_2} \dots B_n^{r_n} z = \bar{f}$$

nella quale si legge che il primo membro si ottiene applicando a z un operatore del tipo $Q(B_1, B_2, \dots, B_n)$, dove

$$(138) \qquad Q(\lambda_1, \lambda_2, \dots, \lambda_n) = 1 + \sum a_{r_1 r_2 \dots r_n} \lambda_1^{r_1} \lambda_2^{r_2} \dots \lambda_n^{r_n}$$

è un polinomio che ha valore 1 nell'origine e quindi la funzione razionale $\frac{1}{Q}$ è regolare nell'origine.

Per semplificare i calcoli conviene applicare ancora l'operatore $\mathfrak{J}$ ad ambo i membri dell'equazione (137'), con il che si ha:

$$(137'') \qquad Q(B_1, B_2, \dots, B_n) \mathfrak{J} z = \mathfrak{J} \bar{f}$$

cioè

$$(137''') \qquad Q(B_1, B_2, \dots, B_n) z_1 = \mathfrak{J} \bar{f} \ , \text{ con } z_1 = \mathfrak{J} z.$$

Poichè si dimostra facilmente che con gli operatori linea

ri $B_1 \ldots B_n$ si può stabilire un calcolo perfettamente rigoroso delle "funzioni" $g(B_1, B_2, \ldots, B_n)$ di tali operatori, corrispondenti a una qualunque funzione analitica $g(\lambda_1, \lambda_2, \ldots, \lambda_n)$ che sia regolare nell'origine, [4], l'ultima equazione si risolve immediatamente con la formula:

$$z_1 = \frac{1}{Q(B_1, B_2, \ldots, B_n)} \mathcal{J} \bar{f} \tag{139}$$

e quindi la soluzione cercata z delle (133), (134) è data da:

$$z = \frac{\partial z_1}{\partial x_0} = \frac{\partial}{\partial x_0} \frac{1}{Q(B_1, B_2, \ldots, B_n)} \mathcal{J} \bar{f} \tag{140}$$

visto che il polinomio Q assume nell'origine il valore 1, e quindi la funzione (razionale) $g = \frac{1}{Q}$ è certamente regolare nell'origine.

Ma per calcolare l'espressione a 2° membro della (139), ricordiamo che si ha in generale:

$$g(B_1, B_2, \ldots, B_n) \mathcal{J} \bar{f} = G[g(\lambda_1, \lambda_2, \ldots, \lambda_n)] \tag{141}$$

cioè una tale espressione è <u>un funzionale</u> G <u>della funzione</u> $g(\lambda_1, \lambda_2, \ldots, \lambda_n)$, il quale risulta necessariamente analitico e lineare, e quindi risulta calcolabile con un prodotto funzionale proiettivo

$$G[g(\lambda_1, \lambda_2, \ldots, \lambda_n)] = p \nabla g \tag{142}$$

non appena sia nota la sua indicatrice proiettiva p, definita dalla solita formula (Cfr. la (89)):

(143) $$p(\alpha_1,\alpha_2,\dots,\alpha_n) = G\left[\frac{1}{1+\alpha_1\lambda_1+\dots+\alpha_n\lambda_n}\right] = \frac{1}{I+\alpha_1 B_1+\dots+\alpha_n B_n}\mathcal{J}\bar{f}.$$

Dunque questa indicatrice proiettiva p risulta anche funzione delle x, e anzi, applicando ai due membri della formula precedente l'operatore $I + \alpha_1 B_1 + \dots + \alpha_n B_n$, dovrà risultare verificata per p l'equazione integro-differenziale

(144) $$p + \alpha_1 B_1 p + \dots + \alpha_n B_n p = \mathcal{J}\bar{f}$$

da cui segue subito, che sull'iperpiano $x_0 = 0$ è:

(145) $$p(0,x_1,x_2,\dots,x_n) = (\mathcal{J}\bar{f})_{x_0=0} = 0$$

e derivando ambo i membri rispetto a x_0:

(146) $$\frac{\partial p}{\partial x_0} + \alpha_1\frac{\partial p}{\partial x_1} + \dots + \alpha_n\frac{\partial p}{\partial x_n} = \bar{f}(x_0,x_1,\dots,x_n).$$

Ma allora l'indicatrice proiettiva p del funzionale G è perfettamente determinata come quella soluzione di questa equazione differenziale che si annulla sull'iperpiano $x_0 = 0$, ed è anzi data, con una sola quadratura dalla formula:

(147) $$p(\alpha_1,\dots,\alpha_n; x_1,\dots,x_n) = \int_{\bar{x}_0(\alpha)}^{x_0} \bar{f}(t, x_1+\alpha_1(t-x_0),\dots,x_n+\alpha_n(t-x_0))\,dt.$$

Dunque p non è altro che l'integrale della funzione nota $\bar{f}$, lungo la retta di coordinate correnti $X_0, X_1, \dots, X_n$:

$$(148) \qquad X_0 - x_0 = \frac{X_1 - x_1}{\alpha_1} = \cdots = \frac{X_n - x_n}{\alpha_n}$$

che esce dal punto $P(x_0, x_1, \ldots, x_n)$, ove si vuol calcolare la soluzione z, con la direzione individuata dai coefficienti direttivi $\alpha_1, \alpha_2, \ldots, \alpha_n$, dovendosi prendere l'integrale tra il punto $\bar{P}(\alpha) = (\bar{x}_0(\alpha), \ldots, \bar{x}_n(\alpha))$, intersezione di questa retta con l'iperpiano $x_0 = 0$ ($\bar{P}(\alpha)$ varierà in generale al variare delle α) e il punto P stesso.

Per calcolare z_1 avremo dunque l'espressione (Cfr.(139)):

$$(149) \qquad z_1 = \frac{1}{Q(\beta_1, \beta_2, \ldots, \beta_n)} \mathcal{J} \bar{f} = G\left[\frac{1}{Q(\lambda_1, \lambda_2, \ldots, \lambda_n)}\right] = \left\{\frac{1}{Q}\right\} \nabla p ,$$

che si ottiene dalle (141),(142), ponendovi al posto di g la funzione razionale $\frac{1}{Q}$. Ma ora, nella relazione:

$$(150) \qquad z_1 = \left\{\frac{1}{Q}\right\} \nabla p$$

possiamo pensare il fattore $\frac{1}{Q}$ come una funzione data, e invece p come una funzione variabile delle α e delle x, cioè possiamo pensare la z_1 come un funzionale lineare di p, la cui indicatrice proiettiva risulta proprio la funzione razionale $\frac{1}{Q}$. Quindi la funzione indognita ausiliaria $z_1(x_0, x_1, \ldots, x_n)$ (da cui si ha subito con la (140) la primitiva funzione incognita z) risulta proprio un funzionale lineare abeloide F della funzione p, che si calcola con quadrature mediante la (147) a partire dalle funzioni note f e φ_2, cioè:

$$(151) \qquad z_1(x_0, x_1, \ldots, x_n) = \frac{1}{Q} \nabla p = F_\alpha\left[p(\alpha_1, \alpha_2, \ldots, \alpha_n, x_0, x_1, \ldots, x_n)\right]$$

Questa formula mette in particolare evidenza la funzione essenziale che hanno i funzionali abeloidi in tutta la teoria delle equazioni a derivate parziali (133), e quindi per tutta la fisica matematica. Ricordando infatti il significato della funzione, p, come integrale del secondo membro $\bar{f}$ della (137) lungo le varie rette di coefficienti angolari $\alpha_1, \alpha_2 \dots, \alpha_n$, spiccate da P, dalle intersezioni con l'iperpiano $x_0 = 0$ iniziale fino a P stesso, questa formula ci dice che la funzione incognita ausiliaria z_1 si ottiene come un funzionale lineare F di tale integrale p, pensato come funzione delle α, cioè, per l'espressione del prodotto funzionale proiettivo con un integrale multiplo, come una somma di infiniti termini infinitesimi, rappresentanti ciascuno il particolare contributo fornito al valore di z_1 in P dagli integrali (147) di $\bar{f}$ lungo infinite rette uscenti da P;

E' dunque l'operazione di prodotto funzionale proiettivo per la funzione $\frac{1}{Q}$ che ci dà la possiblità di valutare esattamente il peso di questi contributi degli integrali p lungo le diverse direzioni, e poichè Q è un polinomio abbiamo quindi in conclusione che, oltre ad alcune quadrature per calcolare $\bar{f}$ e p dalle funzioni note f e φ_r, basta il calcolo di un funzionale abeloide F, di indicatrice proiettiva $\frac{1}{Q}$, determinata dai soli coefficienti dell'equazione differenziale (133), per ottenere sempre, in forma finita, la funzione incognita ausiliaria z_1, con la (151), e quindi anche, con la (140), la soluzione z di una qualunque equazione differenziale (132) con le condizioni iniziali di Cauchy (nell'ipotesi non restrittiva che tutti i termini del primo membro contengano derivate dello stesso ordine m).

E' infine da osservare che, perchè un iperpiano

$$(152) \qquad q = X_0 - x_0 + \alpha_1 (X_1 - x_1) + \dots + \alpha_n (X_n - x_n) = 0$$

sia caratteristico per l'equazione (133), occorre e basta che sia:

$$(153) \quad \left(\frac{\partial q}{\partial x_0}\right)^m + \sum a_{r_0 r_1 \ldots r_n} \left(\frac{\partial q}{\partial x_0}\right)^{r_0} \left(\frac{\partial q}{\partial x_1}\right)^{r_1} \cdots \left(\frac{\partial q}{\partial x_n}\right)^{r_n} = Q(\alpha_0, \alpha_1, \ldots, \alpha_n) = 0$$

e da ciò risulta che questa varietà algebrica Q = 0, che determina, come abbiamo visto, tutte le proprietà del funzionale abeloide F, che ha per indicatrice proiettiva $\frac{1}{Q}$, può interpretarsi semplicemente, in questa teoria delle equazioni a derivate parziali, come il cono inviluppo degli iperpiani caratteristici, passanti per un punto qualunque $P(x_0, x_1, \ldots, x_n)$ e quindi la varietà algebrica inviluppata come il cono luogo di rette, che viene detto precisamente il cono caratteristico uscente da P; le singole generatrici non sono altro che le linee bicaratteristiche dell'equazione differenziale (133) stessa.

Da tutto ciò che precede risulta dunque come le proprietà dei funzionali abeloidi siano d'importanza decisiva per lo studio e il calcolo effettivo delle soluzioni delle equazioni a derivate parziali del tipo (132), che comprendono come casi particolari la quasi totalità delle equazioni della fisica matematica. Anzi è proprio per il tramite dei funzionali abeloidi che le proprietà della varietà algebrica Q = 0 (determinata dai coefficienti dell'equazione) e delle funzioni algebriche e integrali abeliani con essa collegati vengono a riflettersi, col prodotto funzionale proiettivo (151), sulla struttura delle soluzioni z dell'equazione proposta.

Bibl. [17] , n. 28 .

Come esempio consideriamo l'equazione differenziale di tipo iperbolico (Cfr. [18]):

$$(154)\quad 4\frac{\partial^3 z}{\partial t^3}+12\frac{\partial^3 z}{\partial t^2\partial x}-15\frac{\partial^3 z}{\partial t\partial x^2}-27\frac{\partial^3 z}{\partial t\partial y^2}+4\frac{\partial^3 z}{\partial x^3}=f(t,x,y)$$

e supponiamo che tutti i dati iniziali siano zero su un iperpiano. Seguendo il metodo indicato, si ha l'equazione integro-differenziale:

$$(155)\quad \left(4+12B_1-15B_1^2-27B_2^2+4B_1^3\right)\mathcal{J}z=\mathcal{J}^4 f$$

dalla quale posto:

$$(156)\quad \bar{f}(t,x,y)=\mathcal{J}^3 f=\frac{1}{2}\int_0^t (t-\tau)^2 f(\tau,x,y)\,d\tau$$

si ottiene:

$$(157)\quad z_1=\mathcal{J}z=\frac{1}{Q(\alpha_1,\alpha_2)}\nabla\mathcal{J}_\alpha\bar{f}=\frac{1}{Q(\alpha_1,\alpha_2)}\nabla p(t,x,y,\alpha_1,\alpha_2)$$

con $p=\int_0^t \bar{f}(\tau, x+\alpha_1(\tau-t), y+\alpha_2(\tau-t))\,d\tau$.

Si dimostra (Cfr. [18]) che è:

$$(158)\quad \mathcal{J}z=\frac{1}{\pi}\iint_D \frac{1}{J^*(\alpha_1,\alpha_2)}\cdot p_1(\alpha_1,\alpha_2,t,x,y)\,d\alpha_1 d\alpha_2+\frac{1}{36\sqrt{3}}\int_{-\frac{\sqrt{3}}{2}}^{+\frac{\sqrt{3}}{2}} p_1\left(-\frac{1}{2},\alpha_2\right)d\alpha_2$$

ove D indica il dominio racchiuso dalla cardioide di equazione tangenziale $Q(\alpha_1,\alpha_2)=0$, e $p_1(\alpha_1,\alpha_2,t,x,y)=$

$$=\frac{\partial}{\partial\theta_{\theta=1}}\left\{\theta.p(\theta\alpha_1,\theta\alpha_2,t,x,y)\right\}.$$

Sostituendo nella (158) si ottiene $\mathcal{J}z$ come somma di un integrale triplo nelle variabili τ , α_1 , α_2 e di un integrale doppio nelle variabili τ e α_2 , contenente la funzione $\bar{f}$, data in (156), e quindi il termine noto f dell'equazione (154) con argomenti piuttosto complicati. Integrando per parti e assumendo come nuove variabili di integrazione i tre argomenti della funzione f, si ha in definitiva che la soluzione z_1(157) è data da due integrali tripli:

$$z_1 = \frac{1}{Q(\beta_1,\beta_2)} \mathcal{I}\bar{f} =$$

(159)

$$= \frac{1}{18\sqrt{3}\pi} \iiint_V \operatorname{arctg}\mu \cdot f(\tau,\xi,\eta)\,d\tau\,d\xi\,d\eta - \frac{1}{18\sqrt{3}} \iiint_{V_1} f(\tau,\xi,\eta)\,d\tau\,d\xi\,d\eta$$

in cui μ è una certa funzione algebrica delle variabili d'integrazione τ, ξ, η e delle variabili t,x,y ; V è il dominio compreso tra il piano t=0 e il cono caratteristico con il vertice nel punto P(t,x,y) (che ha per intersezione con t = cost. una cardioide) di equazione tangenziale $Q(\alpha_1, \alpha_2) = 0$; e V_1 è invece il dominio racchiuso tra lo stesso piano t=0, il piano bitangente a detto cono caratteristico e la parte rientrante di questo cono.
Se invece i dati iniziali sono assegnati su una ipersuperficie Γ di equazione:

(160) $$x_0 = \psi(x_1, x_2, \ldots, x_n)$$

si considerano gli operatori

(161) $$\mathcal{I}f = \int_{\psi}^{x_0} f(t, x_1, \ldots, x_n)\,dt$$

(162) $$B_s f = \mathcal{I}\frac{\partial f}{\partial x_s} \qquad (s=1,2,\ldots,n).$$

Risulta però in generale:

(163) $$\frac{\partial}{\partial x_s}\mathcal{I}f = \mathcal{I}\frac{\partial f}{\partial x_s} - f(\psi, x_1, \ldots, x_n)\frac{\partial \psi}{\partial x_s}$$

e quindi questi operatori non sono in generale permutabili, avendosi:

$$\mathcal{J}\frac{\partial}{\partial x_s}f - \frac{\partial}{\partial x_s}\mathcal{J}f = f(\psi, x_2, \dots, x_n)\frac{\partial \psi}{\partial x_s} \qquad (164)$$

Essi però risultano ancora permutabili se applicati nel campo funzionale H di tutte le funzioni analitiche regolari e nulle su Γ (in un intorno di un punto iniziale $\bar{P}$ di Γ).

Tenendo conto della (164) e dei valori iniziali noti di z e delle sue derivate parziali su Γ, l'equazione differenziale proposta si può ancora trasformare permutando le derivazioni parziali con l'operatore $\mathcal{J}$, mediante le (164) in una equazione integro-differenziale del tipo (137"'), in cui però in $\bar{f}$, altre ai termini analoghi a quelli trovati precedentemente, figureranno anche i termini che nascono dai secondi membri delle (164) nelle permutazioni ora indicate.

Ma ora $z_1 = \mathcal{J} z$ è nulla su Γ, insieme al termine noto $\mathcal{J}\bar{f}$, e quindi si può ancora calcolare con lo stesso metodo prima indicato, essendo ancora permutabili tutti gli operatori $\mathcal{J}$ e $\mathcal{B}_s$, quando si applicano alle funzioni che entrano in considerazione in questo caso.

Bibl. [18].

B I B L I O G R A F I A

[1] : L. FANTAPPIÉ' : Teoria de los funcionales analiticos y sus aplicaciones.
Conferenze redatte da R. Vidal; Seminario matematico di Barcellona - Barcellona 1943.

[2] : F. PELLEGRINO : La théorie des fonctionnelles analytiques et ses applications.
Quarta parte del volume:
P. LEVY: Problèmes concrets d'analyse fonctionnelle. Paris, Gauthier - Villars, 1951.

[3] : L. FANTAPPIE' : La giustificazione del calcolo simbolico e le sue applicazioni all'integrazione delle equazioni a derivate parziali.
Mem. R. Acc. d'Italia, Vol. I, 1930 .

[4] : L. FANTAPPIE' : Integrazione in termini finiti di ogni sistema od equazione a derivate parziali, lineare e a coefficienti costanti, d'ordine qualunque.
Mem. R. Acc. d'Italia, vol. VIII, n. 13, 1937 .

[5] : L. FANTAPPIE' : Soluzione con quadrature del problema di Cauchy-Kowalewsky per le equazioni di tipo parabolico.
Rend. Lincei, serie VI, vol.XVII, I° sem. 1933.

[6] : L. FANTAPPIE' : Integrazione per quadrature dell'equazione parabolica generale a coefficienti costanti.
Rend. Lincei, serie VI, Vol.XVIII, 2° sem. 1933.

[7] : L. FANTAPPIE' : Intégration par quadratures de l'equation parabolique générale à coefficients constants sur les caractéristiques.
C. R. Acad. Sc.,t. 197, 1933, pg. 969.

[8] : E. BATSCHELET : Die Operatorenmethode von L. Fantappié und die Laplace-Transformation.
Comm. Math. Helv.,vol. 22; fasc. 3° 1949.

[9] : D. DEL PASQUA : Risoluzione con sole integrazioni dell'equazione differenziale di tipo parabolico, con i dati di Cauchy su una curva assegnata.
Ann. Sc. Normale Sup. Pisa, Vol. II, serie III., 1948.

[10] : L. FANTAPPIE' : Risoluzione in termini finiti del problema di Cauchy con dati iniziali su una ipersuperficie qualunque.
Rend. Acc. d'Italia, serie 7, vol. II, 1941.

[11] : V. VOLTERRA : Leçons sur l'integration des équations différentielles aux dérivées partielles. (professées a Stockholm)
Paris, Hermann, 1912.

[12] : L. FANTAPPIE' : Il calcolo degli operatori funzionali e i nuovi metodi d'integrazione delle equazioni differenziali.
Corso tenuto alla Scuola Normale Sup. di Pisa; 1951,(in corso di stampa).

[13] : L. FANTAPPIE' : Le calcul des matrices.
C.R. Acad. Sc.,t.186,1928, pg. 619.

[14] : L. FANTAPPIE' : Integrazione con quadrature dei sistemi a derivate parziali lineari a coefficienti costanti in due variabili indipendenti, mediante il calcolo degli operatori lineari.
Rend. Circolo Mat. di Palermo, t.57, 1933.

[15] : L. FANTAPPIE' : Lo spazio funzionale analitico come spazio topologico T_0.
Rend. Mat. Univ. Roma, serie V., vol. I°, 1940.

[16] : L. FANTAPPIE' : Nuovi fondamenti della teoria dei funzionali analitici.
Mem. R. Acc. d'Italia, vol. XII°, n. 13, 1941.

[17] : L. FANTAPPIE' : L'indicatrice proiettiva dei funzionali lineari e i prodotti funzionali proiettivi.
Annali di Mat., serie IV., vol. XII, 1943.

[18] : J. CASULLERAS : Aplicacion de la teoria de los funcionales analiticos a la resolucion de un tipo de ecuaciones en derivadas parciales de 3° orden.
Tesi, Collectanea Math., Barcelona, vol. I°., fasc. 2, 1948.

[19] : F. PELLEGRINO - F. SUCCI : Fondamenti della teoria dei funzionali misti complessi.
Rend. Mat. Univ. Roma, serie V, vol. XII, fasc. 1-2, 1953

Per una bibliografia completa di tutti i lavori sulla teoria dei funzionali analitici, sino al 1950, si veda: [2], pagg. 471-477.

ooooooooooooo

E D G A R R. L O R C H

A N E L L I   N O R M A T I

Appunti raccolti da D. DEL PASQUA

Roma - Istituto Matematico - 1954

I N D I C E

A N E L L I   N O R M A T I

1. - Spazi di BANACH.

Si dice spazio vettoriale un insieme di elementi f, g, h,... fra i quali è definita un'operazione di composizione, detta somma, associativa e commutativa

$$(1) \qquad 1) \quad (f + g) + h = f + (g + h)$$

$$2) \qquad f + g = g + f$$

ed una "moltiplicazione" dei suoi elementi per gli scalari α, β,.... (elementi di un anello o di un corpo), con le proprietà

$$(2) \qquad 1) \quad (\alpha + \beta)f = \alpha f + \beta f$$

$$2) \quad \alpha(f + g) = \alpha f + \alpha g$$

$$3) \quad \alpha(\beta f) = (\alpha \cdot \beta)f$$

$$4) \quad 1.f = f$$

Noi di regola assumeremo come scalari i numeri reali o complessi, e corrispondentemente diremo reale o complesso lo spazio vettoriale.

Uno spazio vettoriale si dice normato se è data un'applicazione di esso sui numeri reali di guisa che, indicando con $\|f\|$ il numero reale corrispondente ad f, siano soddisfatte le proprietà

(3)

1) $\|f\| \geqslant 0$, con $\|f\| = 0$ se e solo se $f=0$;

2) $\|\alpha f\| = |\alpha| . \|f\|$ (proprietà di omogeneità)

3) $\|f + g\| \leqslant \|f\| + \|g\|$ (propr. triangolare).

Il corrispondente $\|f\|$ dell'elemento f si dice la "norma" di f.

Mediante la norma resta definita nello spazio vettoriale una metrica, definendo la distanza di due elementi f,g con la posizione

$$(4) \qquad \text{dist}(f, g) = \|f - g\| .$$

Tale nozione di distanza induce poi, come è noto, una topologia nello spazio stesso, assumendo come intorno δ (> 0) di un elemento f_0 la totalità degli elementi f dello spazio per i quali si ha $\|f - f_0\| < \delta$.

La topologia introdotta dà senz'altro una nozione di convergenza per le successioni di elementi, dello spazio: la successione $\{f_n\}$ converge (in norma) verso f (in simboli $f_n \to f$) se $\|f - f_n\| \to 0$. Condizione necessaria affinchè una successione $\{f_n\}$ converga è che $\|f_n - f_m\| \to 0$.

Una successione soddisfacente tale condizione si dice principale o di CAUCHY. Se ogni successione di CAUCHY converge, lo spazio si dice completo.

Uno spazio vettoriale normato completo si dice spazio di BANACH.

2.- Spazio aggiunto di uno spazio di BANACH.

Dato uno spazio di BANACH B, si dice funzionale lineare limitato su di esso ogni applicazione F di B sui numeri reali o complessi con le proprietà

(5)
1) $F(f + g) = Ff + Fg$ (distributività)

2) $F(\alpha f) = \alpha(Ff)$ (omogeneità)

3) $|Ff| \leq k. \|f\|$, con k costante fissa conveniente (limitatezza)

Fra i funzionali lineari limitati su B si definiscono la somma e la moltiplicazione per scalari ponendo

(6) 1) $(F + G)f = Ff + Gf$

2) $(\alpha F)f = \alpha(Ff)$

e così il loro insieme acquista la struttura di spazio vettoriale.

La più piccola costante k soddisfacente la 3) delle (5) si assume come norma del funzionale F, e si indica con $\|F\|$. Si dimostra che si tratta veramente di una nozione di norma (soddisfacente cioè le (3)), e che mediante essa l'insieme dei funzionali lineari limitati su B costituisce a sua volta uno spazio di BANACH, che si dice lo spazio duale o aggiunto di B, e si indica con B^*.

In B^* c'è la topologia derivante dalla norma. Però interessa introdurvi una nuova topologia, la cosidetta *topologia debole, mediante la seguente definizione di intorno:

Dato un elemento F_0 di B^*, scelti n vettori $f_1, f_2, \dots, f_n$ di B ed un numero positivo ε considereremo intorno $U(F_0; f_1, f_2, \dots, f_n; \varepsilon)$ di F_0 l'insieme degli elementi F di B^* per i quali si ha ,

$$|(F - F_0)f_i| < \varepsilon \quad , \quad (i = 1,2,\dots,n).$$

Si trova che questa nozione di intorno soddisfa alle proprietà di HAUSDORFF, e pertanto con essa B^* è uno spazio topologico T_2.

Si noti che la topologia così introdotta può definirsi nell'insieme di tutti i funzionali (lineari e non lineari) su B; allora la *topologia di B^*, che ci interessa, non è che la topologia relativizzata o indotta.

Nella $*$topologia la sfera unitaria di B^* (cioè l'insieme dei funzionali lineari limitati su B di norma non superiore ad 1) è un insieme compatto.

Non diamo qui la dimostrazione completa di questo teorema (per cui v. E.R. LORCH, Trasformazioni lineari, Roma, 1954, pp. 14-15), ma ci limitiamo a darne le linee essenziali.

Si prova innanzitutto che la sfera unitaria di B^*, con la sua topologia indotta, può essere considerata come sottoinsieme di un certo spazio topologico compatto S(che è un insieme di funzionali su B). Allora per dimostrare il nostro teorema basta provare che la sfera unitaria di B^* è un insieme chiuso in S. A tale scopo sia G un punto della chiusura della sfera unitaria di B^* (nello spazio S). Preso l'intorno $U(G;f,g,\alpha f, f+g;\varepsilon)$ con $f,g \in B$; α scalare ed ε reale positivo arbitrario, di G, esiste in esso un funzionale F della sfera unitaria (quindi lineare limitato); abbiamo allora:

$$\left| G(f+g) - Gf - Gg \right| = \left| G(f+g) - F(f+g) - (Gf - Ff) - (Gg - Fg) \right| \leq \left| G(f+g) - F(f+g) \right| + \left| Gf - Ff \right| + \left| Gg - Fg \right| < 3\varepsilon.$$

e per l'arbitrarietà di ε

$$G(f+g) = Gf + Gg,$$

cioè il funzionale G è distributivo. Abbiamo poi:

$$\left| G(\alpha f) - \alpha Gf \right| = \left| G(\alpha f) - F(\alpha f) - (\alpha Gf - \alpha Ff) \right| \leq \left| G(\alpha f) - F(\alpha f) \right| + |\alpha| \cdot \left| Gf - Ff \right| < (1+\alpha)\cdot\varepsilon$$

e quindi, ancora per l'arbitrarietà di ε,

$$G(\alpha f) = \alpha Gf,$$

cioè G è anche omogeneo, quindi lineare. Infine, abbiamo anche

$$|Gf| = |Gf - Ff + Ff| \leq |Gf - Ff| + |Ff| < \varepsilon + \|f\|$$

e per l'arbitrarietà di ε,

$$|Gf| \leq \|f\|,$$

cioè G è anche limitato e per la sua norma si ha $\|G\| \leq 1$. Dunque G è nella sfera unitaria di B^*. Data infine l'arbitrarietà di G nella chiusura di tale sfera, resta provato che questa è chiusa in S, e quindi il teorema.

3. Anelli normati.

Ricordiamo che si dice anello un insieme di elementi, fra i quali sono definite due operazioni, che si dicono somma (rispetto alla quale l'insieme è un gruppo abeliano o modulo) e prodotto (rispetto alla quale l'insieme è un semi-gruppo) distributivo rispetto alla somma (sia a destra $(a+b)c = ac + bc$, che a sinistra $a(b+c)= ab + ac$).
In generale il prodotto non è commutativo; noi però lo supporremo sempre tale, ed allora l'anello si dice commutativo o abeliano.

In un anello possono esservi elementi $a \neq 0$ e $b \neq 0$ tali che $ab = 0$; essi si dicono divisori dello zero. Un elemento $a \neq 0$ tale che per n intero conveniente si abbia $a^n = 0$, si dice nilpotente o pseudonullo (di ordine n, se n è il primo intero per cui $a^n = 0$).
E' evidente che in un anello privo di divisori dello zero non possono esservi elementi pseudonulli.

In un anello, essendo solo semigruppo rispetto al prodotto, non vi sono necessariamente nè elemento unità nè inversi di un dato elemento a, e quando ci sono non sono necessariamente unici; si dimostra però che se nell'anello vi sono elementi unità destri e sinistri (o elementi inversi di un dato $\underline{a}$ destri e sinistri), allora coincidono: ciò in particolare accade per gli anelli abeliani. Noi supporremo che nell'anello ci sia sempre l'elemento unità (unico, perchè l'anello è abeliano), che denoteremo con $\underline{e}$. L'inverso di un elemento $\underline{a}$ quando esiste (ed è unico, dato che l'anello è abeliano) si denota con $\underline{a}^{-1}$.

Un anello R si dice normato se:

1) è un anello nel senso algebrico;

2) è uno spazio di BANACH;

3) la struttura algebrica di anello e la struttura topologica di spazio di BANACH sono legate dalla relazione fra le norme

$$\|f.g\| \leq \|f\|.\|g\|. \tag{7}$$

Si trova che, relativamente alla topologia derivante dalla norma, la somma ed il prodotto sono operazioni continue.

In generale considereremo anelli normati complessi abeliani e dotati di unità $\underline{e}$.

Per la norma di $\underline{e}$ si trova $\|e\| \geqslant 1$. Però se $\|e\| > 1$, esiste un anello normato R' equivalente ad R (nel senso che tra R ed R' c'è una corrispondenza biunivoca che conserva le proprietà algebriche e topologiche) e tale che $\underline{e}' = 1$. Non veniamo quindi meno alla generalità supponendo sempre $\underline{e} = 1$.

Non tutti gli elementi di R sono dotati di inverso: si dicono regolari quelli che lo sono, singolari gli altri.

L'insieme degli elementi regolari è aperto in R, e l'inversione, quando possibile, è un'operazione continua.

Come esempi di anelli normati, citiamo i seguenti:

1) l'anello dei numeri complessi.

2) l'insieme $C(\Omega)$ di tutte le funzioni limitate e continue in uno spazio compatto Ω, con la norma $\|f(x)\| = \underset{x \in \Omega}{\text{l.u.b.}} |f(x)|$.

3) l'insieme di tutte le funzioni limitate in un insieme E, con la norma $\|f(x)\| = \underset{x \in E}{\text{l.u.b.}} |f(x)|$.

4) l'insieme di tutte le funzioni analitiche in un dominio D e continue in $\bar{D}$ (chiusura di D), con $\|f(z)\| = \underset{z \in \bar{D}}{\text{l.u.b.}} |f(z)|$.

E' facile verificare che si tratta effettivamente di anelli normati.

La teoria degli anelli normati è stata costruita principalmente ad opera di M. NAGUMO (1936), I. GELFAND (1941), E.R. LORCH (1942).

A NAGUMO si deve l'introduzione del concetto di anello normato. GELFAND, cui si deve lo studio degli ideali negli anelli normati, ha fatto interessanti applicazioni della teoria astratta alle serie trigonometriche assolutamente convergenti (Über absolut konvergente trigonometrische Reihen und Integrale, Réc. Math. (Mat. Sbornik), vol. 9 (1941), pp. 51-66).

4.- Rappresentazione regolare di un anello normato.

Sia f un elemento fisso dell'anello normato R, e x un elemento variabile, e consideriamo l'applicazione $x \longrightarrow fx$. Essa è un'applicazione T_f lineare limitata, ed è $\|T_f\| \leq \|f\|$. Variando f in R otteniamo tutta una famiglia di trasformazioni, ed è facile vedere che costituisce un anello normato equivalente all'anello R, nel senso indicato al n. precedente. Il suo elemento unità è T_e, la cui norma è 1. Sorvoliamo su tutto ciò, e ci limitiamo ad osservare che una data trasformazione T_f è invertibile se e solo se l'elemento f che la origina è regolare, avendosi $T_f^{-1} = T_{f^{-1}}$.

L'insieme delle trasformazioni T_f, con $f \in R$, si dice essere la rappresentazione regolare dell'anello R.

La rappresentazione regolare di un anello normato porta ad applicare all'anello nozioni e metodi relativi alle trasformazioni lineari limitate su spazi di BANACH, come ha fatto LORCH. Ci limitiamo qui a ricordare la nozione di spettro.

Si dice che λ appartiene allo spettro della trasformazione T se non esiste (limitata) la trasformazione $(T - \lambda I)^{-1}$, inversa della trasformazione $T - \lambda I$. Lo spettro di una trasformazione è un insieme chiuso, mai vuoto. Se ora T_f è una trasformazione della rappresentazione regolare dell'anello R, e λ è un punto del suo spettro, non esiste l'inversa della trasformazione $(T_f - \lambda T_e) = T_{f-\lambda e}$; per quanto abbiamo osservato sopra, l'elemento $f - \lambda e$ di R dovrà essere singolare. Viceversa, se $f-\lambda e$ è elemento singolare di R non esiste la trasformazione inversa di $T_{f-\lambda e} = T_f - \lambda T_e$, e perciò λ è nello spettro di T_f. Ciò porta in modo naturale a definire lo spettro anche per gli elementi di R: si dirà che λ appartiene allo spettro di f se $f - \lambda e$ è singolare.

Lo spettro di una trasformazione lineare T è situato tutto al finito, quindi esiste un cerchio di centro nell'origine e raggio r_T opportuno che lo contiene interamente. Il raggio r_T si dice raggio spettrale della trasformazione T, e risulta $r_T \leq \|T\|$. E' ovvio ora cosa debba intendersi per raggio spettrale dell'elemento f di R, e naturalmente sarà $r_f \leq \|f\|$, dato che $\|T_f\| \leq \|f\|$.

Del resto, ciò si può veder direttamente. Se infatti λ è tale che $|\lambda| > \|f\|$, la serie $-(\frac{e}{\lambda} + \frac{f}{\lambda^2} + \frac{f^2}{\lambda^3} + \ldots)$ converge in norma, quindi rappresenta un elemento di R; si vede subito che questo elemento è tale che moltiplicato per $f-\lambda e$ dà e; esso è $(f-\lambda e)^{-1}$. Dunque i punti λ dello spettro di f sono tali che $|\lambda| \leq \|f\|$, e perciò $r_f \leq \|f\|$.

Per quanto riguarda la teoria degli spettri, si vedano, ad esempio, le lezioni sulle "Trasformazioni Lineari" di E.R. LORCH (Roma, 1954, pp. 49, ss.).

Le poche nozioni introdotte ci permettono di dimostrare immediatamente il seguente teorema (MAZUR (1938)[1], GELFAND (1939), LORCH (1940)):

<u>Se un anello normato complesso R è un corpo, allora esso è il corpo complesso.</u>

Infatti se f è elemento di R e λ appartiene allo spettro (mai vuoto) di f, l'elemento $f-\lambda e$ di R è singolare; ma in un corpo l'unico elemento singolare è lo zero, quindi abbiamo $f-\lambda e = 0$, cioè $f = \lambda e$, e ciò prova il teorema.

5.- <u>Ideali di un anello normato.</u>

Un ideale I dell'anello normato R è un sottoinsieme di R tale che

$$(8)\quad \begin{array}{ll} 1) & I + I \subset I \\ 2) & I - I \subset I \\ 3) & I.R \subset I \\ 4) & \alpha.I \subset I, \text{ con } \alpha \text{ scalare qualunque.} \end{array}$$

---

1) C.R. Ac. Sc. Paris, v. 207, p. 1025. A MAZUR è dovuto anche quest'altro teorema: se l'anello normato complesso R è tale che si ha sempre $\|f \times g\| = \|f\|.\|g\|$, invece della (7), allora R è il corpo complesso.

Le prime tre condizioni sono le ordinarie condizioni che definiscono gli ideali di anelli qualsiasi; la quarta viene sua aggiunta in relazione al fatto che R è uno spazio vettoriale. E' tuttavia da notare che essa è inclusa nella 3) se l'anello R, come del resto noi ordinariamente supponiamo, possiede l'elemento unità ed è abeliano.

Ideali propri sono quelli diversi da R e da $\{0\}$.

Ogni ideale $I \neq R$ è costituito di elementi singolari. Se invero a in I è regolare, esiste a^{-1} in R, e quindi $a.a^{-1} = e$ è in I, che perciò contiene per la (8), 3), ogni elemento di R, onde I = R.

Se I è un ideale proprio di R anche la sua chiusura $\bar{I}$ è un ideale proprio di R. Infatti se f e g sono elementi della chiusura di I, possono considerarsi come limiti di elementi f_n e g_n di I; per la continuità delle operazioni di R si ha:

$$\lim (f_n + g_n) = \lim f_n + \lim g_n = f + g$$

$$\lim (f_n . h) = (\lim f_n).h = f.h, \qquad (h \in R)$$

$$\lim (\alpha . f_n) = \alpha . (\lim f_n) = \alpha . f$$

e queste relazioni ci dicono che $\bar{I} + \bar{I} \subset \bar{I}$, $\bar{I}.R \subset \bar{I}$, $\alpha . \bar{I} \subset \bar{I}$, cioè che $\bar{I}$ è un ideale. Che poi se $I \neq R$ sia anche $\bar{I} \neq R$, è immediato poichè in tal caso è $e \notin I$, e non può essere $e \in \bar{I}$ in quanto esiste tutto un intorno di e costituito di elementi regolari, quindi non appartenenti ad I, nella cui chiusura non può quindi essere l'elemento e.

Si dice ideale massimo di R un ideale proprio K di R il quale non è contenuto propriamente in alcun altro ideale proprio di R.

E' evidente che un ideale massimo K è chiuso, poichè altrimenti sarebbe contenuto propriamente nella sua chiusura, che per quanto ora visto è un ideale proprio di R.

Se I è un ideale (proprio) di R esiste un ideale massimo K che lo contiene. Sia $\mathfrak{M}$ l'insieme di tutti gli ideali propri di R includenti I (almeno I stesso è tale, quindi $\mathfrak{M} \neq \emptyset$). Tale insieme è parzialmente ordinato (l'ordinamento essendo dato dalla relazione di inclusione). Se ora $\mathfrak{N}$ è un qualunque sottoinsieme di $\mathfrak{M}$ totalmente ordinato, allora $\bigcup I_\alpha$ (con $I_\alpha \in \mathfrak{N}$) è un ideale di R non contenente e (quindi un ideale proprio) e contenente tutti gli ideali I_α di $\mathfrak{N}$, come si verifica facilmente. Siamo con ciò nelle condizioni del noto lemma di ZORN °), il quale assicura senz'altro l'esistenza in $\mathfrak{M}$ di un elemento massimale K, che, come è ovvio, conterrà il dato ideale I.

Se a è un elemento singolare di R, esiste un ideale massimo K contenente a. L'insieme di tutti gli elementi della forma ax, con x arbitrario in R, costituisce un ideale I (proprio) di R, come è facile verificare; il teorema precedente ci assicura allora l'esistenza di un ideale massimo K contenente I e quindi anche a.

6.- Anello quoziente.

Se I è un ideale dell'anello R, fra gli elementi di R resta definita una nozione di equivalenza, definendo equivalenti due elementi f, g di R quando son tali che $f - g \in I$. Possiamo allora distribuire tutti gli elementi

°) Ricordiamo tale lemma. Sia $\mathfrak{M}$ un insieme parzialmente ordinato; si dice che $c \in \mathfrak{M}$ è elemento massimale se la relazione $c < x$ vale se e solo se $x = c$. Il lemma di ZORN afferma che se per ogni sottoinsieme completamente ordinato $\mathfrak{N}$ di $\mathfrak{M}$ esiste un elemento $a_{\mathfrak{N}} \in \mathfrak{M}$ tale che per $x \in \mathfrak{N}$ si abbia $x < a_{\mathfrak{N}}$, allora esiste in $\mathfrak{M}$ un elemento massimale. (V., p. es., N. BOURBAKI, Théorie des ensembles (fascicule de resultats), Paris, 1939).

di R in classi di equivalenza rispetto ad I, due a due prive di elementi comuni, la cui totalità costituisce un anello (definendovi opportunamente le operazioni fondamentali), che si dice l'anello quoziente di R su I, e si indica con R/I. Se R è commutativo e con elemento unità, anche R/I è commutativo e con elemento unità. Un elemento di R/I è una classe di elementi di R del tipo I + f; l'elemento "zero" di R/I è la classe I, e l'elemento unità è la classe I + e.

Gli ideali di R/I si ottengono tutti dagli ideali J di R contenenti I, e sono del tipo J/I. Se in particolare I è ideale massimo, allora in R/I non vi sono ideali propri, e viceversa. Abbiamo di qui che se R/I è un corpo, allora I è ideale massimo di R, poichè in un corpo non vi sono ideali propri, e viceversa.

Se R è un anello normato, ed I un suo ideale chiuso, nell'anello R/I può definirsi una norma in guisa tale che R/I acquisti la struttura di anello normato (Gelfand).

Considerata la classe I + f di R/I, assumiamo come norma l'estremo inferiore dei numeri $\|x + f\|$ con x variabile in I:

$$\|I + f\| = \underset{x \in I}{\text{g.l.b.}} \|x + f\| \tag{9}$$

Occorre mostrare che tale definizione non dipende dal particolare elemento f preso per rappresentare la classe I + f, che sono soddisfatte le proprietà della norma, ed infine che R/I, mediante tale norma, è uno spazio completo.

L'indipendenza della definizione dall'elemento f mediante cui si individua la classe I + f è ovvia, poichè se I + f = I + g, si ha $f - g \in I$ e perciò, fissato comunque $x \in I$, esiste $y \in I$ tale che $\|x + f\| = \|y + g\|$ (basta prendere $y = x + (f - g)$, che è in I).

Mostriamo che valgono le proprietà (3) e (7) della norma.

1) E' $\|I + f\| \geq 0$, poichè è sempre $\|x + f\| \geq 0$.

$\|I + f\| = 0$ implica $I + f = I$ (elemento zero di R/I e viceversa.) Infatti se $I + f = I$, è $\|I\| \leq \|x\|$, con $x \in I$, e siccome $o \in I$ e $\|o\| = 0$, si ha $\|I\| \leq 0$, cioè $\|I\| = 0$. Viceversa sia $\|I + f\| = 0$: esisterà in I una successione $\{x_n\}$ tale che $\|x_n + f\| \longrightarrow 0$; allora abbiamo anche $\|x_n - x_m\| \leq \leq \|x_n + f\| + \|x_m + f\| \longrightarrow 0$, cioè la $\{x_n\}$ è una successione di CAUCHY, quindi convergente (R è completo) ad un elemento x che è in I, poichè I è chiuso. Dunque $x_n + f \longrightarrow x + f$ e poichè $\|x_n + f\| \longrightarrow 0$, è anche $\|x + f\| = 0$, cioè (proprietà della norma in R) $x + f = 0$, ossia $f = -x$, e quindi $f \in I$, sicchè è $I + f = I$.

2) Che sia $\|\alpha . (I + f)\| = |\alpha| . \|I + f\|$ è immediato, poichè si ha $\|\alpha(I + f)\| = \text{g.l.b.}_{x \in I}\|\alpha(x+f)\| = \text{g.l.b.}_{x \in I} |\alpha| . . \|x + f\| = |\alpha| . \text{g.l.b.}_{x \in I} \|x + f\| = |\alpha| . \|I + f\|$.

3) Vale la proprietà triangolare. Fissato infatti $\varepsilon > 0$, per definizione esistono $x, y \in I$ tali che $\|I + f\| > \|x+f\| - \varepsilon$, e $\|I + g\| > \|y+g\| - \varepsilon$; abbiamo allora

$$\|(I+f) + (I+g)\| = \|I + (f+g)\| \leq \|(x+y) + (f+g)\| \leq$$

$$\leq \|x+f\| + \|y+g\| < \|I+f\| + \varepsilon + \|I + g\| + \varepsilon$$

e per l'arbitrarietà di ε otteniamo

$$\|(I+f) + (I+g)\| \leq \|I + f\| + \|I + g\|.$$

4) E' $\|(I+f).(I+g)\| \leq \|I+f\|. \|I+g\|$. Fissato infatti $\varepsilon > 0$, si prendano $x, y \in I$ come abbiamo fatto sopra per dimostrare la proprietà triangolare. Avvertendo che $xy + fy +$

$+ gx \in I$, abbiamo

$$\|(I+f).(I+g)\| = \|(I^2+f.I+g.I) + fg\| = \|I + fg\| \leq$$
$$\leq \|(xy+fy+gx) + fg\| = \|(x+f).(y+g)\| \leq \|x+f\|.\|y+g\| <$$
$$< (\|I+f\| + \varepsilon)(\|I+g\| + \varepsilon) = \|I+f\|.\|I+g\| + \varepsilon(\|I+f\| +$$
$$+ \|I+g\| + \varepsilon)$$

e infine, essendo ε arbitrario,

$$\|(I+f).(I+g)\| \leq \|I+f\|.\|I+g\|.$$

La (9) definisce dunque veramente una norma in R/I. Si può anche vedere subito che $\|I + e\| = 1$.

Per completare la dimostrazione del teorema ci resta da provare che con la norma introdotta l'anello R/I è uno spazio completo.

Sia $\{I + x_n\}$ una successione di CAUCHY di R/I, sicchè

$$\|(I + x_n) - (I + x_m)\| \longrightarrow 0.$$

Estraiamo dalla $\{I + x_n\}$ una successione parziale $\{I + x_{n_k}\}$ tale che

$$\|(I + x_{n_{k+1}}) - (I + x_{n_k})\| < 2^{-k} \tag{10}$$

cosa possibile poichè la successione data è una successione di CAUCHY. Prendiamo in ogni $I + x_{n_k}$ un elemento y_{n_k} tale che

$$\|y_{n_{k+1}} - y_{n_k}\| \leq 2\|(I + x_{n_{k+1}}) - (I + x_{n_k})\|; \tag{11}$$

per far ciò si osservi che per la definizione (9) in $I + (x_{n_{k+1}} - x_{n_k}) = (I + x_{n_{k+1}}) - (I+x_{n_k})$ esiste z_k tale che

$$\|z_k\| \leq 2\|I + (x_{n_{k+1}} - x_{n_k})\|;$$

allora, scelto y_{n_1} arbitrariamente, basterà prendere $y_{n_{k+1}} = y_{n_k} + z_k$ per soddisfare la (11).

Ciò posto, si vede subito che la serie

$$y_{n_1} + \sum_{1}^{\infty}{}_k (y_{n_{k+1}} - y_{n_k})$$

converge assolutamente, in quanto la serie

$\| y_{n_1} \| + \sum_{1}^{\infty}{}_k \| y_{n_{k+1}} - y_{n_k} \|$ è, per la (11) e la (10), minorante della serie $\| y_{n_1} \| + \sum_{1}^{\infty}{}_k 2^{-k+1}$, che è convergente. Ne segue che $\{ y_{n_k} \}$ converge ad un certo y.

Se ora consideriamo I + y, si vede subito che $I + x_{n_k} \longrightarrow I + y$, poichè

$$\|(I + y) - (I + x_{n_k})\| = \| I + (y - x_{n_k})\| = \| I + (y - y_{n_k})\| \leq$$
$$\leq \| y - y_{n_k} \| \to 0.$$

Così la successione data possiede una sottosuccessione convergente. Ma allora anche la successione data, essendo una successione di CAUCHY, è convergente. Con ciò resta provato che R/I è completo nella norma definita con la (9).

<u>Se I è un ideale massimo dell'anello normato complesso R, l'anello R/I è il corpo dei numeri complessi.</u>

Invero, I, essendo massimo, è chiuso, quindi R/I è un anello normato (con moltiplicatori complessi); esso possiede l'elemento unità $\bar{e}$ e tutti gli elementi del tipo $\lambda \bar{e}$, con λ complesso. Di più (per note proprietà d'algebra), richiamate al principio di questo n.) R/I è un corpo. Quindi (v.n. 4) esso è il corpo complesso.

7. Omomorfismi di un anello normato sui numeri complessi.

Si dice omomorfismo dell'anello normato R sui numeri complessi un'applicazione F di R sui numeri complessi tale che

(12)
1) $F(f+g) = Ff + Fg$ (distributività)
2) $F(\alpha f) = \alpha Ff$ (omogeneità)
3) $F(f \times g) = Ff.Fg$
4) $|Ff| \leq K.\|f\|$, con K costante opportuna, indipendente da f in R (limitatezza)

Notiamo che le prime tre condizioni esprimono il fatto che F deve mantenere le proprietà algebriche (deve cioè essere un omomorfismo algebrico), mentre la quarta esprime la continuità dell'applicazione F, considerando R con la topologia derivante dalla norma.

E' pure da notare che, in virtù della 2), la condizione che F sia un'applicazione di R sui e non nei numeri complessi, esclude la sola applicazione banale Ff = 0.

Le (12), a meno della 3), dicono che F è un funzionale lineare limitato su R (Cfr. le (5)); la 3) tien conto del fatto che R non è solo uno spazio di BANACH, ma un anello.

Il nucleo dell'omomorfismo F è costituito dagli elementi f di R per i quali si ha Ff = 0.

Se F è un omomorfismo dell'anello normato R sui numeri complessi si ha $\|F\| = 1$.

Poichè per ogni $f \in R$ è $f = ef$, abbiamo $Ff = F(ef) = Fe.Ff$; esistendo certamente elementi f tali che $Ff \neq 0$, dalla relazione trovata deduciamo $Fe = 1$, e quindi (supponiamo sempre $\|e\| = 1$)

$$1 = Fe = |Fe| \leq \|F\|.\|e\| = \|F\|,$$

cioè

(13) $$\|F\| \geq 1.$$

Fissato ora $f \in R$, poniamo $Ff = \gamma$. Considerato allora $f - \gamma e$, che è elemento di R, abbiamo $F(f - \gamma e) = Ff - \gamma Fe = \gamma - \gamma = 0$; ciò implica la inesistenza di $(f - \gamma e)^{-1}$, poichè se esistesse g tale che $g.(f - \gamma e) = e$, da qui ricaveremmo $F(g(f - \gamma e)) = Fe$, cioè $Fg.F(f - \gamma e) = 1$, il che è impossibile dato che $F(f - \gamma e) = 0$.

Dunque γ è nello spettro di f, quindi (v.n.4) dovrà essere $|\gamma| \leq \|f\|$, cioè $|Ff| \leq \|f\|$, ossia $\|F\| \leq 1$. Confrontando con la (13) otteniamo infine $\|F\| = 1$.

Dalla definizione si ha che ogni omomorfismo di R sui numeri complessi è elemento di R^* (insieme di tutti i funzionali lineari limitati su R). Il teorema ora dimostrato dice di più che tali omomorfismi sono tutti sulla superficie della sfera unitaria di R^*. In R^* è stata introdotta la *topologia debole, nella quale la sfera unitaria è compatta. Possiamo ora provare che

<u>L'insieme degli omomorfismi di R sui numeri complessi è compatto nella *topologia debole.</u>

Per dimostrare ciò basterà far vedere che l'insieme di tali omomorfismi è chiuso nella sfera unitaria di R^*.

Sia G un elemento della chiusura, sulla sfera unitaria di R^*, dell'insieme degli omomorfismi di R sui numeri complessi. Fissati comunque due elementi f,g di R ed un arbitrario $\varepsilon > 0$, consideriamo l'intorno $U(G;f,g,f\times g;\varepsilon)$; in esso cade certamente un elemento dell'insieme degli omomorfismi di R sui numeri complessi, e sia F; abbiamo quindi $|Gf - Ff|$, $|Gg - Fg|$, $|G(f\times g) - F(f\times g)| < \varepsilon$, e $F(f\times g) = Ff.Fg$. Tenendo conto di ciò, si ha

$$|G(f\times g) - Gf.Gg| \leq |G(f\times g) - F(f\times g)| + |Ff.Fg - Ff.Gg| +$$
$$+ |Ff.Gg - Gf.Gg| < \varepsilon + |Ff|.\varepsilon + |Gg|.\varepsilon \leq$$
$$\leq \varepsilon.\{1 + \|f\| + \|g\|\}$$

(poichè $\|F\| = 1$ e $\|G\| \leq 1$). Essenso f e g fissati, ed ε arbitrario, otteniamo $|G(f\times g) - Gf.Gg| = 0$, cioè $G(f\times g) = Gf.Gg$. Infine, per l'arbitrarietà di f, g in R, abbiamo che G soddisfa alla 3) delle (2). Siccome poi soddisfa anche alle altre, perchè appartiene alla sfera unitaria di R^*, concludiamo che anche G è un omomorfismo di R sui numeri complessi. Dunque l'insieme di tali omomorfismi è chiuso nella sfera unitaria di R^*; essendo questa compatta, anche quello è compatto.

Nel caso dell'esempio 3) del n. 3, l'applicazione $f(x) \to f(x_0)$ dove x_0 è un punto fissato di E, è un omomorfismo, il cui nucleo è costituito dalle funzioni f(x) nulle per $x = x_0$.

<u>Il nucleo</u> I <u>di un omomorfismo</u> F <u>dell'anello normato</u> R <u>sui numeri complessi è un ideale massimo di</u> R.

Per definizione, I è costituito da tutti e soli gli elementi f di R tali che $Ff = 0$. Allora per $f,g \in I$, $h \in R$ ed α scalare qualunque, per le (12) abbiamo:

$$F(f+g) = Ff + Fg = 0; \quad F(f\times g) = Ff.Fh = 0; \quad F(\alpha f) = \alpha Ff = 0,$$

cioè anche $f+g, f\times h$ e αf sono in I, che quindi è un ideale.

Se consideriamo l'anello quoziente R/I, si vede subito che esso è l'anello dei numeri complessi: infatti ad ogni elemento di R/I possiamo far corrispondere biunivocamente un numero complesso λ, poichè se f,g appartengono ad una stessa classe di R/I si ha $f-g \in I$, e quindi $F(f-g) = 0$, cioè $Ff = Fg$; se poi, viceversa, è $Ff = Fg$, è anche $F(f-g) = 0$, cioè $f-g \in I$, e quindi f,g appartengono ad una stessa classe di R/I. Dunque ad ogni classe di R/I corrisponde biunivocamente il valore assunto da F negli elementi di tale classe.

Siccome l'insieme dei numeri complessi costituisce un corpo, I risulta senz'altro (Cfr. n. 6) un ideale massimo.

Il teorema dimostrato si inverte:

Se I è un ideale massimo dell'anello normato R, esiste un omomorfismo F di R sui numeri complessi di cui I è il nucleo.

Si osservi che in ogni classe di R/I non possono esservi due elementi della forma λe, poichè se λe e μe (con $\lambda \neq \mu$) fossero in una stessa classe, allora $(\lambda-\mu)\cdot e$ dovrebbe essere in I, il che è impossibile perchè I è un ideale proprio, mentre $(\lambda-\mu)e$ è un elemento regolare (n.5). Inoltre (n.6) R/I è il corpo complesso, quindi ogni sua classe contiene un elemento della forma $\lambda\cdot e$.

Se allora $x \in I + \lambda\cdot e$, la corrispondenza $x \longrightarrow \lambda$ è l'omomorfismo richiesto. Sono invero verificate le (12): sia infatti $x \in I + \lambda\cdot e$, e $y \in I + \mu\cdot e$; allora :1) è $x+y \in (I+\lambda e) + (I+\mu e) = I + (\lambda+\mu)e$, cioè $x + y \longrightarrow \lambda + \mu$;

2) è $\alpha x \in \alpha(I+\lambda\cdot e) = I + \alpha\lambda e$, quindi $\alpha x \longrightarrow \alpha\lambda$;

3) è anche $xy \in (I+\lambda\cdot e)(I+\mu\cdot e) = (I+\lambda e+\mu\cdot e)I + \lambda\mu e = I + \lambda\mu e$, e perciò $xy \longrightarrow \lambda\mu$;

4) infine è $x - \lambda\cdot e \in I$, e perciò (n.4) λ è nello spettro di x, di modo che è pure $|\lambda| \leq \|x\|$, da cui segue, indicando con F l'applicazione $x \longrightarrow \lambda$, che è $|Fx| \leq \|x\|$, cioè la limitatezza di F. Dunque F è un omomorfismo di R sui numeri complessi. E' infine evidente, per il modo stesso con cui l'abbiamo definito, che il nucleo di F è proprio I.

Dato un anello normato R , esistono omomorfismi di R sui numeri complessi.

Abbiamo infatti trovato (n. 5) che considerato un qualsiasi elemento singolare di R, (e per questo, se $f \in R$ e λ nello spettro di f, basta considerare $f - \lambda e$) esiste un ideale massimo che lo contiene; quindi in R esistono ideali massimi, e perciò, per il teorema precedente, omomorfismi sui numeri complessi.

8. Esempi ed applicazioni.

Vogliamo ora illustrare le cose stabilite con qualche esempio e indicarne qualche applicazione.

Consideriamo l'anello C delle funzioni continue f(x) nell'intervallo chiuso $[0,1]$, che è anello normato prendendo la norma $\|f(x)\| = \max_{0 \leq x \leq 1} |f(x)|$. Sia E un qualsiasi insieme di punti nell'intervallo $[0,1]$. L'insieme I di tutte le funzioni di C nulle in E è un ideale chiuso. E' innanzi tutto evidente che I sia un ideale, poichè la somma o differenza di due funzioni nulle in E è nulla in E, ed il prodotto di una funzione nulla in E per una qualsiasi funzione di C o per un qualunque scalare è una funzione nulla in E. Proviamo che I è chiuso. Se $\{f_n(x)\}$ è una successione di CAUCHY di I, essa converge uniformemente, quindi il suo limite f(x) è nullo in E, e perciò appartiene ad I, che dunque è chiuso. E' da notare che, trattandosi di funzioni continue, l'insieme E che determina I può sempre prendersi chiuso, poichè, se non lo è, ogni funzione di C nulla in E per la continuità è sempre nulla anche nella chiusura $\bar{E}$ di E.

Se l'insieme E è costituito di un sol punto, e sia x_0, I è ideale massimo. Se invero $I \subset J$ e $f(x) \in J$ è fuori di I, allora è $f(x_0) = \lambda \neq 0$; ma in tal caso $\lambda - f(x) \in I$, e $f(x) + (\lambda - f(x))$ è nell'ideale K determinato da I e da f(x), che a sua volta è contenuto o coincide con J. Siccome la funzione $f(x) + (\lambda - f(x))$ non è altro che la costante λ, K coincide con C; quindi I è ideale massimo.

Per ogni punto x di $(0,1)$ si ha dunque un ideale massimo, ed è evidente che l'omomorfismo di C sui numeri complessi da esso generato è $f(x) \longrightarrow f(x_0)$. Si vede subito che non ci sono in C altri ideali massimi, cioè ad ogni ideale massimo di C corrisponde un punto x_0 di $(0,1)$, ove si annullano tutte le funzioni dell'ideale. Sia infatti I un ideale massimo di C, cui non corrisponda alcun punto di $(0,1)$. Allora, fissato comunque $x_0 \in (0,1)$, esiste $f \in I$ tale che $f(x_0) \neq 0$; ma è anche $g_0(x) = f(x).\bar{f}(x) \in I$ (poichè anche $\bar{f}(x)$, coniugata di $f(x)$, è in C), e $g_0(x)$ è una funzione reale non negativa; essendo inoltre diversa da zero in $x = x_0$, per la continuità c'è tutto un intorno di x_0 in cui si mantiene diversa da zero. In tal modo ad ogni punto dell'intervallo $(0,1)$ associamo un intorno con una funzione di I non negativa e ivi diversa da zero. Essendo $(0,1)$ compatto, possiamo determinare un numero finito di tali punti, i cui rispettivi intorni ricoprano interamente l'intervallo $(0,1)$; se $g_1, g_2, \dots, g_n$ sono le funzioni corrispondenti costruite come sopra, anche la funzione $g(x) = \sum_1^n {}_i\, g_i(x)$ è in I, e di più tale funzione non si annulla mai in tutto $(0,1)$: esiste allora in C la funzione $\frac{1}{g(x)}$, e perciò in I c'è la funzione $g(x).\frac{1}{g(x)} = 1$, quindi I coincide con C, contrariamente all'ipotesi che sia un ideale massimo (quindi proprio) di C.

Gli ideali massimi di C costituiscono un sottospazio compatto di C^* nella *topologia debole (in quanto individuano e sono individuati da omomorfismi di C sui numeri complessi, v. n. prec.); si vede senza difficoltà che esso sostanzialmente non è che l'intervallo $(0,1)$ con la sua topologia.

L'esempio considerato può generalizzarsi, considerando l'insieme $C(\Omega)$ delle funzioni continue in un qualsiasi spazio compatto Ω.

Passiamo ad indicare un'applicazione di quanto stabilito nei nn. precedenti.

Consideriamo le funzioni $f(x)$, $-\pi \leq x \leq \pi$, con serie di FOURIER $\sum_{1}^{\infty}{}_{n} \alpha_n \cdot e^{inx}$ assolutamente convergente, in quanto $\sum_{1}^{\infty}{}_{n} |\alpha_n| < \infty$. La loro totalità costituisce un anello normato prendendo come norma $\|f(x)\| = \sum_{1}^{\infty}{}_{n} |\alpha_n|$. Che la somma di due funzioni di tale tipo sia ancora dello stesso tipo è evidente; pure il prodotto è dello stesso tipo (la convergenza è assoluta, quindi incondizionata). Le proprietà della norma si verificano senza difficoltà. Resta da vedere che il loro insieme è uno spazio completo nella norma. Considerata una successione $\{f_n(x)\}$ di funzioni assolutamente convergenti con $\|f_n - f_m\| \longrightarrow 0$, se $f_n(x) = \sum_{1}^{\infty}{}_{j} \alpha_j^n e^{ijx}$, si trova, tenendo conto della convergenza assoluta, che per ogni j anche le successioni $\{\alpha_j^n\}$ sono di CAUCHY, quindi convergenti verso certi α_j (si tratta di successioni numeriche). Allora la funzione $f(x) = \sum_{1}^{\infty}{}_{j} \alpha_j \cdot e^{ijx}$ risulta il limite della successione data $\{f_n(x)\}$.

Vogliamo dimostrare il seguente notevole teorema di WIENER :

<u>Se la funzione</u> $f(x)$ <u>ha una serie di FOURIER assolutamente convergente, condizione necessaria e sufficiente affinchè la funzione</u> $1/f(x)$ <u>abbia ancora una serie di FOURIER assolutamente convergente, è che per ogni</u> x, <u>tale che</u> $-\pi < x \leq \pi$, <u>sia</u> $f(x) \neq 0$.

La necessità della condizione è evidente, poichè ogni funzione $g(x)$ che possiede una serie di FOURIER assolutamente convergente è continua, e quindi se in un punto x_0 è $f(x_0) = 0$, allora $g(x)f(x)$ non può mai essere identicamente uguale ad 1.

Dimostriamo la sufficienza. A tale scopo basterà mostrare che se in tutto $(-\pi,\pi)$ è $f(x) \neq 0$, allora $f(x)$ non può appartenere a nessun ideale massimo I dell'anello delle funzioni con serie di FOURIER assolutamente convergente. Sia dunque I un ideale massimo di tale anello, e proviamo che esiste un punto β dell'intervallo $(-\pi,\pi)$ in cui tutte le funzioni dell'ideale si annullano. Essendo I massimo, sappiamo che la funzione e^{ix} è congrua (mod I) ad un certo numero complesso λ :

$$e^{ix} \equiv \lambda \quad (\text{mod I}).$$

Dato che l'omomorfismo F dell'anello che consideriamo sui numeri complessi, che nasce associando ad ogni funzione il numero complesso congruo (mod I) ha norma 1, dovrà aversi

$$|\lambda| = |F\ e^{ix}| \leq \|e^{ix}\| = 1$$

(per la funzione e^{ix} nella serie di FOURIER corrispondente si ha $\alpha_1 = 1$ e $\alpha_{j\neq 1} = 0$, (e dunque $\|e^{ix}\| = 1$). Analogamente, se

$$e^{-ix} \equiv \mu \quad (\text{mod I}),$$

risulta $|\mu| \leq 1$. Ora da $e^{ix}.e^{-ix} = 1$, per le proprietà dell'omomorfismo F abbiamo $(F\ e^{ix}).(F\ e^{-ix}) = F\ 1$, cioè $\lambda\mu = 1$, e quindi anche $|\lambda| = |\mu| = 1$, ossia $\lambda = e^{i\beta}$, con $-\pi < \beta \leq \pi$.

Per le proprietà algebriche dell'anello da $e^{ix} \equiv e^{i\beta}$ (mod I) segue $e^{inx} \equiv e^{in\beta}$ (mod I), ed anche $\sum_{1}^{m}{}_n \gamma_n e^{inx} \equiv$ $\equiv \sum_{1}^{m}{}_n \gamma_n e^{in\beta}$ (mod I) (con m intero finito), ed infine, per le proprietà topologiche dell'anello stesso, abbiamo anche $\sum_{1}^{\infty}{}_n \gamma_n e^{inx} \equiv \sum_{1}^{\infty}{}_n \gamma_n e^{in\beta}$ (mod I), cioè $f(x) \equiv f(\beta)$ (mod I), ossia $F(f(x)) = f(\beta)$. Siccome però è $F(I) = 0$, risulta infine $f(\beta) = 0$.

Dunque all'ideale massimo I abbiamo associato un punto β di $(-\pi,\pi)$ in cui ogni funzione di I si annulla.

Se dunque $f(x)$ è una funzione con serie di FOURIER assolutamente convergente mai nulla in tutto $(-\pi, \pi)$, essa non può appartenere ad alcun ideale (massimo) dell'anello di tali funzioni, e quindi nell'anello stesso ne esiste l'inversa $1/f(x)$, che dunque ammette una serie di FOURIER assolutamente convergente.

In modo analogo potremo considerare serie di potenze $\sum_{1}^{\infty} {}_n \cdot \gamma_n \cdot x^n$ assolutamente convergenti nel senso che $\sum_n |\gamma_n| < \infty$. Sussiste un teorema analogo a quello di WIENER ora dimostrato: condizione necessaria e sufficiente affinchè data $f(x) = \sum_{1}^{\infty} {}_n \gamma_n x^n$ (ass. conv.), esista una funzione $g(x) = \sum_{1}^{\infty} {}_n \delta_n \cdot x^n$ (ass. conv.) tale che $g(x) = 1/f(x)$, è che $f(x)$ non si annulli mai per $|x| \leq 1$.

9. Radicale di un anello normato.

Definiamo radicale dell'anello normato R l'intersezione K di tutti gli ideali massimi di R, purchè tale intersezione non si riduca al solo elemento nullo di R, nel qual caso diremo che R è privo di radicale.

Il radicale K dell'anello normato R è un ideale chiuso di R. Invero, K come intersezione di ideali di R è esso pure un ideale di R; d'altra parte è chiuso perchè intersezione di ideali chiusi, tali essendo gli ideali massimi di R (n. 5).

Se K è il radicale dell'anello R, l'anello R/K è senza radicale.

Se infatti fosse H il radicale di R/K, agli ideali massimi di R corrisponderebbero in R/K ideali massimi contenenti H, costituito a sua volta dalla riunione di classi di elementi di R equivalenti (mod. K); ma allora ogni ideale massimo di R conterebbe l'insieme degli elementi di tali classi, che a sua volta conterebbe propriamente K; quell'insieme perciò, e non K, sarebbe l'intersezione di tutti gli ideali massimi di R, e quindi il radicale di R.

Dimostriamo ora il seguente teorema fondamentale:

Se K è il radicale dell'anello normato R, per gli elementi f di R sono equivalenti le tre seguenti proprietà:

1) f è elemento del radicale K;

2) lo spettro di f è costituito dal solo punto $\lambda = 0$;

3) per ogni scalare (complesso) μ la successione $\{(\mu f)^n\}$ converge in norma a zero.

Dimostreremo il teorema, provando le implicazioni 1) $\longrightarrow$ 2) $\longrightarrow$ 3) $\longrightarrow$ 1).

a) $f \in K \Longrightarrow \sigma(f) = 0$ (con il simbolo $\sigma(f)$ avendo indicato lo spettro di f).

Se infatti $\lambda \in \sigma(f)$, allora $f - \lambda e$ è singolare, e se I è l'ideale massimo cui appartiene (certamente esistente, n. 6) risulta $f \equiv \lambda e$ (mod I); ma, essendo f in K, sarà pure in ogni ideale massimo di R, in particolare in I, di modo che è anche $f \equiv 0$ (mod I); risulta così $\lambda e \equiv 0$ (mod I), e quindi $\lambda e \in I$, ciò che può essere se e solo se $\lambda = 0$ (poichè per $\lambda \neq 0$ l'elemento λe è regolare, quindi fuori di qualsiasi ideale proprio di R).

b) $\sigma(f) = 0 \Longrightarrow (\mu f)^n \longrightarrow 0$.

Per dimostrare questo risordiamo che condizione necessaria e sufficiente affinchè sia $\|f^n\| \longrightarrow 0$ è che $r_f < 1$ (r_f raggio spettrale di f ; vedi il corso sulle "Trasformazioni lineari" di E.R.LORCH, Roma, 1954, cap. IV, p. 55). Nel nostro caso, se $\sigma(f) = 0$ è $r_f = 0$, e quindi anche $r_{\mu f} = 0$ per qualunque μ (si ha in generale $r_{\mu f} = |\mu| r_f$); il teorema richiamato ci assicura senz'altro che $\|(\mu f)^n\| \to 0$, e quindi $(\mu f)^n \to 0$.

c) $(\mu f)^n \to 0 \Longrightarrow f \in K$.

Per il teorema richiamato in b), l'ipotesi $(\mu f)^n \to 0$ implica $r_{\mu f} < 1$; da questo , poichè μ è arbitrario e $r_{\mu f} = |\mu| r_f$, segue che è $r_f = 0$. Se ora I è un qualsiasi ideale massimo di R, per ogni $f \in R$ abbiamo $f \equiv \lambda e$ (mod I) con λ conveniente, ed è $\lambda \in \sigma(f)$. Se f è tale che $(\mu f)^n \to 0$, dovrà risultare $|\lambda| \leq r_f = 0$, cioè $\lambda = 0$, e quindi $f \in I$. In tal modo f risulta appartenente ad ogni ideale massimo di R, e pertanto è $f \in K$.

10.- Rappresentazione di un anello normato astratto in un anello di funzioni continue in uno spazio compatto.

Sia $\mathfrak{M}$ l'insieme di tutti gli ideali massimi di un dato anello normato R; possiamo considerare $\mathfrak{M}$ anche come l'insieme di tutti gli omomorfismi di R sui numeri complessi, data la corrispondenza biunivoca che abbiamo mostrato esistere fra tali omomorfismi e gli ideali massimi di R (n.7). Sappiamo anche (n.7) che $\mathfrak{M}$ è uno spazio compatto nella* topologia debole.

Fissato $f \in R$ e $I \in \mathfrak{M}$, esiste λ tale che $f \equiv \lambda e$ (mod I), od anche, se F è l'omomorfismo determinato da I, $Ff = \lambda$. Se pensiamo di tenere fissa f, il numero complesso λ varia al variare di I (o di F) in $\mathfrak{M}$, perciò possiamo scrivere $\lambda = f(I)$, e così ad ogni elemento $f \in R$ corrisponde una funzione f(I) su $\mathfrak{M}$ a valori complessi. Rileviamo esplicitamente che si ha per definizione

(14) $$f(I) = Ff,$$

essendo F l'omomorfismo corrispondente all'ideale massimo I.

E' evidente che è $f(I) = 0$ se e solo se $f \in I$, per la definizione stessa di I (nucleo dell'omomorfismo F).

Si vede subito che è $f(I) = 0$ per ogni $I \in \mathfrak{M}$, se e solo se $f \in K$ (radicale di R). Invero $f(I) = 0$ significa, per l'osservazione precedente, $f \in I$; se ciò avviene per ogni I di R, sarà dunque $f \in \bigcap_{I \in \mathfrak{M}} I = K$. Inversamente, se $f \in K$, per ogni I di $\mathfrak{M}$ è $f \in I$, cioè (ancora per l'osservazione precedente) $f(I) = 0$.

L'applicazione $f \longrightarrow f(I)$ è un omomorfismo di R nel l'anello delle funzioni complesse definite su $\mathfrak{M}$.

Infatti se $f \longrightarrow f(I)$ e $g \longrightarrow g(I)$, si ha, per definizione, $f \equiv f(I)$ (mod I) e $g \equiv g(I)$ (mod I), da cui segue, per note proprietà delle congruenze, $f+g \equiv f(I) + g(I)$ (mod I), $\alpha f \equiv \alpha f(I)$ (mod I) e $f.g \equiv f(I).g(I)$ (mod I), ossia $f + g \longrightarrow f(I) + g(I)$, $\alpha f \longrightarrow \alpha f(I)$ e $f.g \longrightarrow f(I).g(I)$. Si tratta dunque di un omomorfismo.

L'applicazione $f \longrightarrow f(I)$ è un omomorfismo di R su un insieme di funzioni definite in $\mathfrak{M}$, se e solo se R è senza radicale.

Infatti il nucleo dell'omomorfismo, di cui sopra, è l'insieme degli elementi f tali che $f \longrightarrow 0$, ossia tali che $f(I) = 0$, qualunque sia $I \in \mathfrak{M}$. Per quanto visto sopra, ciò si ha se e solo se $f \in K$, quindi K è il nucleo di quell'omomorfismo. Per cose note, un omomorfismo è un isomorfismo se e solo se il nucleo si riduce all'elemento zero di R; quindi nel nostro caso $f \longrightarrow f(I)$ è un isomorfismo se e solo se $K = \{0\}$, il che significa (n.9) che R è senza radicale.

La funzione $f(I)$ (fissato comunque $f \in R$) è continua su $\mathfrak{M}$ con la *topologia debole.

Sia $I_0 \in \mathfrak{M}$ e fissiamo arbitrariamente $\varepsilon > 0$. Prendiamo in $\mathfrak{M}$ l'intorno $U(I_0)$ dato da $U(F_0;f;\varepsilon)$; essendo F_0 l'omomorfismo di R sui numeri complessi corrispondente all'ideale I_0: tale intorno è l'insieme degli I tali che $|Ff - F_0 f| < \varepsilon$; quindi per $I \in U(I_0)$, abbiamo (Cfr. la (14))

$$|f(I) - f(I_0)| = |Ff - F_0 f| < \varepsilon ,$$

cioè f(I) è continua.

Si può dire che le funzioni f(I) risultano continue per definizione.

<u>Le funzioni</u> f(I) <u>sono limitate su</u> $\mathfrak{M}$.

Ad I corrisponde un omomorfismo F di R sui numeri complessi; è dunque $\|F\| = 1$. Abbiamo allora (Cfr. la (14)):

$$|f(I)| = |Ff| \leq \|F\| . \|f\| = \|f\| .$$

In particolare di qui segue che

$$\max_{I \in \mathfrak{M}} |f(I)| \leq \|f\|$$

e infine, per la norma $\|f(I)\|$ di f(I) in C($\mathfrak{M}$), secondo la solita definizione di norma per le funzioni continue in spazi compatti (Cfr. n.3, esempio 2), otteniamo

$$(15) \qquad \|f(I)\| \leq \|f\|.$$

In generale la totalità delle funzioni f(I) sarà un sottoinsieme dell'anello C($\mathfrak{M}$) delle funzioni continue nello spazio compatto $\mathfrak{M}$, e non potremo dire di più: potrà essere denso in C($\mathfrak{M}$) o no, ecc.

11. <u>Anelli di funzioni</u>.

Fissato un qualsiasi spazio E (con o senza topologia), sia R un anello di funzioni limitate f(x) con $x \in E$, e con la norma data da $\|f(x)\| = \underset{x \in E}{\ell.u.b.} |f(x)|$, come già indicato nell'esempio 3 del n.3.

Non essendovi in E necessariamente una topologia, non ha senso parlare di continuità per le funzioni f(x) di tale anello.

Supponiamo soddisfatte le seguenti condizioni:

a) se $x, y \in E$ con $x \neq y$, esiste $f \in R$ tale che $f(x) \neq f(y)$;

b) se $f(x) \in R$, è anche $\overline{f(x)} \in R$, essendo $\overline{f(x)}$ la coniugata della $f(x)$;

c) se per un conveniente $\varepsilon > 0$ è $|f(x)| > \varepsilon$ per ogni $x \in E$, allora è anche $1/f(x) \in R$.

Dimostreremo che <u>nelle ipotesi esposte esiste un'applicazione isometrica dell'anello</u> R <u>sull'anello</u> $C(\mathfrak{M})$ <u>delle funzioni continue su un opportuno spazio compatto</u> $\mathfrak{M}$, sicchè possiamo in certo modo scrivere $R = C(\mathfrak{M})$.

Dimostreremo per gradi tale teorema.

Sia $\mathfrak{M}$ l'insieme di tutti gli ideali massimi di R. Fissato un punto $x_0 \in E$, l'applicazione $f(x) \longrightarrow f(x_0)$ è un omomorfismo di R sui numeri complessi, come abbiamo già osservato al n. 8. Ad esso corrisponde un ideale massimo I_0 di R, cioè un punto di $\mathfrak{M}$. In tal modo ad ogni punto di E corrisponde un punto di $\mathfrak{M}$, e perciò E può astrattamente considerarsi immerso in $\mathfrak{M}$, $E \subset \mathfrak{M}$, (nel senso che esiste un'applicazione di E su un sottoinsieme di $\mathfrak{M}$). In forza dell'ipotesi b), si può subito rilevare che questa applicazione di E in $\mathfrak{M}$ è biunivoca; invero se I_{x_0} e I_{y_0} sono gli ideali corrispondenti ai punti distinti x_0 e y_0 di E, non può essere $I_{x_0} = I_{y_0}$, poichè in tale ipotesi per ogni funzione $f(x) \in I_{x_0}$ avremmo $f(x_0) = f(y_0) = 0$: allora per una qualsiasi $\varphi(x) \in R$, potendosi scrivere $\varphi(x) = \varphi(x_0) + f(x)$, con $f(x) \in I_{x_0}$, sarebbe $\varphi(y_0) = \varphi(x_0) + f(y_0) = \varphi(x_0)$, contrariamente alla b), per cui esiste certamente in R una funzione $\varphi(x)$ tale che $\varphi(x_0) \neq \varphi(y_0)$.

Potendosi considerare E come sottoinsieme di $\mathfrak{M}$, in E viene indotta una topologia dalla topologia esistente in $\mathfrak{M}$ (la*topologia debole), e ciò indipendentemente dalla eventuale topologia preesistente in E.

Proviamo che l'insieme E è denso nello spazio $\mathfrak{M}$, cioè che $\bar{E} = \mathfrak{M}$.

Supponiamo esista in $\mathfrak{M}$ un punto I_0 fuori di $\bar{E}$. Preso arbitrariamente I_1 in $\bar{E}$, esiste $f_1 \in I_0$ tale che $f_1(I_1) \neq 0$, altrimenti l'ideale I_0 non sarebbe distinto dall'ideale I_1. Essendo f_1 (I) funzione continua (in $\mathfrak{M}$), si manterrà diversa da zero in tutto un intorno U_1 di I_1. In tal modo, ad ogni punto di $\bar{E}$ viene associato un intorno ed una funzione mai nulla in tale intorno. Poichè $\bar{E}$ è un insieme chiuso nello spazio compatto $\mathfrak{M}$, esso è anche compatto, quindi può ricoprirsi con un numero finito di quegli intorni: siano $U_1, U_2, \ldots, U_n$, e siano $f_1, f_2, \ldots, f_n$ le funzioni corrispondenti (f_i mai nulla in U_i). Corrispondentemente anche l'insieme E viene ricoperto da n porzioni $V_1, V_2, \ldots, V_n$, in ciascuna delle quali è diversa da zero la rispettiva funzione f_i considerata come funzione di $x \in E$ (si tenga presente che è $f(x_0) = 0$ se e solo se $f(I_0) = 0$). Se ora consideriamo la funzione $\bar{f}_i$, coniugata della f_i, anch'essa è diversa da zero in V_i; allora la funzione $f_i \cdot \bar{f}_i$ è in I_0 ed è positiva in V_i, conservandovisi maggiore di un certo $\varepsilon_i > 0$. La funzione $g(x) = \sum_i f_i \cdot \bar{f}_i$ di R risulta allora in I_0, e maggiore di un certo $\varepsilon > 0$(basta prendere per ε il più piccolo degli ε_i) in tutto E. Per l'ipotesi c) fatta su R, esiste in R anche la funzione $1/g(x)$, e perciò, essendo $g(x) \in I_0$, è anche $g(x) \cdot 1/g(x) = 1$ in I_0, che quindi coincide con R, contrariamente al fatto che è un ideale massimo. Concludiamo che non possono esistere in $\mathfrak{M}$ punti fuori di $\bar{E}$, e quindi che E è denso in $\mathfrak{M}$.

Siccome f(I) è una funzione continua su $\mathfrak{M}$, essa è nota quando lo sia in un insieme denso in $\mathfrak{M}$, in particolare quando sia data su E. Dunque le funzioni date su E possono essere estese a funzioni continue su tutto $\mathfrak{M}$, e si ha

$$\|f\| = \underset{x \in E}{\ell.u.b.} |f(x)| = \max_{I \in \mathfrak{M}} |f(I)|,$$

che è la solita norma per le funzioni continue in uno spazio compatto. Con ciò si ha che R può essere applicato in modo isometrico su un sottoanello dell'anello C($\mathfrak{M}$) di tutte le funzioni continue sullo spazio compatto $\mathfrak{M}$.

Vale anche il seguente teorema, che ci limitiamo ad enunciare:

Se $\mathfrak{M}$ è uno spazio compatto, R un sottoanello di C($\mathfrak{M}$) contenente la funzione f(x) = 1, e se per ogni coppia di punti x,y distinti di $\mathfrak{M}$ esiste in R una funzione f tale che $f(x) \neq f(y)$, allora R coincide con l'anello C($\mathfrak{M}$). (Per la dimostrazione di questo teorema, si veda L.H. LOOMIS, "Abstract Harmonic Analysis", D. Nostrand Co., New York, pp. 8-9).

Il risultato espresso da questo teorema dà senz'altro, in virtù dei risultati sopra conseguiti e dell'ipotesi b) su R, la dimostrazione completa del teorema enunciato al principio di questo numero.

Illustriamo le cose dette su qualche esempio.

Sia E = $(-\infty + \infty)$, ed R l'anello delle funzioni f(x) su E tali che $\lim_{x \to -\infty} f(x) = \lim_{x \to +\infty} f(x)$. L'insieme $\mathfrak{M}$ qui è la retta proiettiva con la solita topologia, ed è evidente che E ne è un sottoinsieme denso.

Se invece consideriamo l'anello R delle funzioni f(x) su E tali che esistano $\lim_{x \to -\infty} f(x)$ e $\lim_{x \to +\infty} f(x)$ (senza necessariamente coincidere, come nel caso precedente), allora $\mathfrak{M}$ è equivalente alla retta E con i due punti $x = -\infty$ e $x = +\infty$. $\mathfrak{M}$, avendo la stessa topologia di un intervallo chiuso, è compatto, ed E è denso in $\mathfrak{M}$.

Se infine R è l'anello di tutte le funzioni continue e limitate sulla retta, la retta potrà considerarsi come insieme denso in un conveniente spazio $\mathfrak{M}$, come appunto ci dice il teorema dimostrato sopra; ma in questo esempio non abbiamo nessuna indicazione sulla struttura di $\mathfrak{M}$ (a parte quella data dal teorema).

Dagli esempi citati pare opportuno rilevare come la retta reale, che nella sua metrica non è uno spazio compatto, può rendersi compatta in un ambiente opportuno. Dobbiamo però avvertire che in generale la struttura di $\mathfrak{M}$ ci sfugge, e quindi anche la compattezza della retta in $\mathfrak{M}$ non riesce, per così dire, "visiva".

B I B L I O G R A F I A

1) I. GELFAND, Normierte Ringe, Rec. Math. (Mat. Sbornik) N.S.. vol. 9 (1941), pp. 1-24.

2) E.R. LORCH, The spectrum of linear trasformations, Trans. Amer. Soc., vol. 52 (1942), pp. 238-248.

3) E.R. LORCH, The Theory of analytic functions in normed abelian vector rings, Trans. Amer. Math. Soc., vol. 54 (1943), pp. 414-425.

4) E.R. LORCH, The structure of normed abelian rings, Bull. Amer. Math. Soc., vol. 50 (1944), pp. 447-463.

5) E.R. LORCH, Trasformazioni lineari, Univ. di Roma, 1953-54.

6) L.H. LOOMIS, Abstract Harmonic Analysis, D. von Nostrand Co., New York, 1953.

7) M. NAGUMO, Einige analytische Untersuchungen in linearen metrischen Ringen. Jap. J. Math., vol 13 (1936), pp. 61- - 80.

G. B. R I Z Z A

oooooooo

TEORIA DELLE FUNZIONI MONOGENE NELLE ALGEBRE COMPLESSE COMMUTATIVE DOTATE DI MODULO.

oooooooo

R o m a - Istituto Matematico 1954

(Primo corso - Varenna, 17 Giugno 1954)

TEORIA DELLE FUNZIONI MONOGENE NELLE ALGEBRE COMPLESSE COMMUTATIVE DOTATE DI MODULO.

Come è noto, il complesso delle ricerche che si propongono l'estensione della teoria delle funzioni di ordinaria variabile complessa al caso di funzioni in algebre ipercomplesse può dividersi in vari indirizzi.

Vorrei fermare l'attenzione su uno di questi che mi sembra particolarmente interessante sia perchè i risultati già ottenuti sono tali da far ritenere ormai raggiunto lo scopo, sia perchè la teoria viene sviluppata in modo invariante rispetto agli isomorfismi dell'algebra ipercomplessa considerata.

A fondamento della teoria si pone la nozione di <u>derivata</u>, definita come limite ipercomplesso del rapporto tra gli incrementi della funzione e della variabile ipercomplesse. Nelle algebre ipercomplesse però la derivabilità non implica la continuità; questa per altro è necessaria ad ottenere per es. una formula integrale di tipo CAUCHY. Pertanto le funzioni che qui consideriamo, ordinariamente dette <u>monogene</u>, sono continue e derivabili.

Detta A l'algebra ipercomplessa; $u_1, \dots, u_n$ un suo sistema fondamentale di unità, l'ipercomplesso generico di A può scriversi nella forma:

$$x = x^j u_j \qquad (x^j \text{ reali}); \tag{1}$$

la quale è atta a porre in evidenza le proprietà dell'algebra invarianti per isomorfismi.

La monogeneità a destra di una funzione $w = w^j u_j =$ $= f(x)$ si può esprimere scrivendo:

(2) $$dw = f'(x)\, dx$$

con $dx = dx^j u_j$, $dw = dw^j u_j = \frac{\partial w^j}{\partial x^h} dx^h u_j$, ed $f'(x)$ ipercomplesso indipendente dalle dx^j (derivata destra). Analogamente si esprime la monogeneità a sinistra.

Nel seguito accenneremo brevemente ai punti fondamentali della teoria, e da quanto vedremo apparirà che le ipotesi sull'algebra, delle quali nel titolo, sono del tutto naturali se non addirittura necessarie.

Anzitutto la stessa definizione di funzione monogena presuppone nell'algebra l'esistenza del modulo(o per lo meno di moduli destri o sinistri; precisaziome questa che verrà a cadere in quanto, come vedremo, l'algebra dovrà supporsi commutativa).

Come elemento differenziale ipercomplesso è ben naturale scegliere $dx = dx^j u_j$ che è di forma invariante per isomorfismi di A ed interviene già nella condizione di monogeneità (2).

Si osservi poi che la condizione:

(3) $$dx \times dx = 0$$ ($\times$ indicando prodotto esterno),

è necessaria e sufficiente per la commutatività dell'algebra. In questa ipotesi si ottiene subito il teorema integrale di tipo CAUCHY:

(4) $$\int_{\Gamma_1} f(x)\, dx = 0$$

per le funzioni $f(x)$ monogene in una regione R_n dell'S_n dove si rappresentano gli ipercomplessi di A, che sussiste per un qualunque ciclo 1-dimensionale Γ_1 omologo a zero in R_n. Basta infatti sfruttare il teorema di GREEN-STOKES generale e tener conto della (2) e della (3). Il teorema ottenuto è caratteristico per le funzioni monogene; vale cioè anche l'analogo del teorema di MORERA.

Invece, se l'algebra non è commutativa la (4) sussiste soltanto per una sottoclasse della classe delle funzioni monogene; sottoclasse che ne viene caratterizzata e che, in particolare, può ridursi alle sole costanti.

Quindi se non si vuole restringere la classe delle funzioni considerate, si deve porre per l'algebra l'ipotesi della <u>commutatività</u>.

Si presenta poi il problema di stabilire una formula integrale corrispondente al teorema integrale (4), vale a dire una formula del tipo:

$$f(\xi) = K\int_{\Gamma_1} f(x)\, N(x,\xi)\, dx \qquad \text{(K costante ipercomplessa)} \tag{5}$$

Questo problema si scinde in due parti: la prima, più semplice, consiste nella scelta di un conveniente nucleo $N(x, \xi)$; la seconda, più delicata, è di natura topologica e riguarda la situazione di allacciamento tra il ciclo di integrazione e la singolarità della funzione integranda.

Come nel caso dell'algebra complessa ordinaria, la dimostrazione di una formula integrale del tipo CAUCHY, come la (5), si effettua in due tempi. Si sfrutta dapprima il teorema integrale per ridurre il problema nell'intorno del punto che si considera. E' possibile infatti sostituire al ciclo Γ_1 un qualunque ciclo Γ_1^*, omologo a Γ_1 nella regione di monogeneità della funzione integranda, senza alterare il valore dell'integrale, e inoltre si può supporre Γ_1^* appartenente ad un intorno prescelto del punto ξ. Si valuta poi l'integrale esteso a Γ_1^*, generalmente con un passaggio al limite, tenendo conto della continuità della f(x) in $x = \xi$.

Da ciò segue che il nucleo $N(x, \xi)$ deve essere una funzione monogena di x, tale dovendo risultare la funzione integranda complessiva. Inoltre $N(x, \xi)$ deve riuscire singolare per $x = \xi$, altrimenti l'integrale riuscirebbe nullo a causa del teorema integrale già ottenuto. Fra tutti i possibili nuclei soddisfacienti alle condizioni dette, può scegliersi il più semplice, precisamente $\frac{1}{x-\xi}$, immediata generalizzazione del nucleo dell'ordinaria formula di CAUCHY.

Osserviamo però esplicitamente che $\frac{1}{x-\xi}$ è singolare non solo per $x = \xi$ ma anche per $x-\xi$ divisore dello zero; onde, indicata con V(0) la varietà dei divisori dello zero di A, con $V(\xi)$ la varietà parallela per ξ alla V(0), l'ipotesi:

$$(6) \qquad \Gamma_1^* \sim \Gamma_1 \qquad in\ R_n - V(\xi)$$

permette di sostituire nella (5) Γ_1^* a Γ_1.

Prima di affrontare in generale la seconda parte del problema, cominciamo a considerare il caso elementare delle algebre dotate di modulo e commutative di ordine 2. A meno di isomorfismi esse si riducono solamente a tre, una delle quali è l'algebra complessa ordinaria.

I divisori dello zero, nel piano rappresentativo, sono costituiti da due rette per l'origine, rispettivamente reali e distinte, reali e coincidenti, complesse coniugate, l'ultima eventualità presentandosi per l'algebra complessa ordinaria.

Nei primi due casi non appare possibile ottenere una formula integrale di tipo CAUCHY. Infatti, se il ciclo di integrazione Γ_1, omologo a zero in R_ξ non ha punti comuni con le due rette reali (distinte o coincidenti) parallele per ξ a quelle costituenti la varietà dei divisori dello zero, il valore dell'integrale nella (5) è zero a causa del teorema integrale (4). Se al contrario Γ_1 ha punti in comune con le due rette, la funzione integranda è ivi generalmente singolare. Anche supponendo che l'integrale esteso a Γ_1 esista, il suo valore verrà tuttavia a dipendere da Γ_1. L'integrale esteso ad un ciclo Γ_1^* dell'intorno di ξ differirà dal precedente per un contributo dovuto ai valori di f(x) nei punti delle due rette appartenenti alla regione di contorno $\Gamma_1 - \Gamma_1^*$; in generale non sussiterà più la (6).

Seguendo l'ordinaria linea della dimostrazione risulta che non è possibile ottenere una espressione di $f(\xi)$ mediante i soli valori di f(x) su Γ_1. D'altro canto, se fossero noti i valori di f(x) nei punti di $V(\xi)$ distinti da $x = \xi$, il valore di $f(\xi)$ si otterrebbe direttamente per continuità.

Concludendo soltanto nell'algebra complessa ordinaria, tra quelle considerate, è possibile stabilire una formula integrale del tipo CAUCHY.

E' ormai naturale ritenere che l'estensione della teoria delle funzioni analitiche possa ottenersi non già in tutte le algebre dotate di modulo e commutative, ma solo in quelle che sono convenienti generalizzazioni dell'algebra complessa ordinaria.

Sono queste, come vedremo subito, le algebre reali, di ordine 2n, che possono riguardarsi come immagini reali di algebre, di ordine n, nel campo complesso.

Lo studio della struttura di queste algebre rivela che la varietà dei divisori dello zero è costituita da un numero finito k di spazi lineari (2n-2)-dimensionali per l'origine; k essendo il numero delle componenti irriducibili dell'algebra. Indicheremo con $V_{2n-2}(0)$ tale varietà e con $\omega^{(j)}_{2n-2}(0)$ $(j=1,\dots,k)$ gli spazi lineari di cui è composta. Con $V_{2n-2}(\xi)$ e $\omega^{(j)}_{2n-2}(\xi)$ indicheremo le varietà per $x=\xi$ parallele alle precedenti.

Si noti che per un'algebra generale d'ordine 2n, la dimensione del cono dei divisori dello zero è 2n-1. Nel caso attuale la dimensione della varietà dei divisori dello zero è 2n-2; ciò consente l'esistenza di cicli Γ_1 appartenenti a $R_{2n} - V_{2n-2}(\xi)$ e tuttavia avvolgenti $V_{2n-2}(\xi)$;

Nelle ipotesi fatte si ottiene in definitiva la seguente formula integrale:

$$(7) \qquad 2\pi i \sum_{j=1}^{k} N_j U_j f(\xi) = \int_{\Gamma_1} \frac{f(x)}{x-\xi}\, dx$$

dove i è l'ordinaria unità immaginaria, gli ipercomplessi U_j sono gli automoduli primitivi dell'algebra e il ciclo Γ_1 soddisfa alla condizioni topologiche:

$$\text{I)}\quad \Gamma_1 \subset R_{2n} - V_{2n-2}(\xi)$$

$$\text{II)}\quad \Gamma_1 \sim 0 \quad \text{in } R_{2n} - V_{2n-2}(\xi) + \xi$$

$$\text{III)}\quad N_j = \text{All.}\left(\Gamma_1, \omega_{2n-2}^{(j)}(\xi)\right) \qquad (j = 1, \dots, k)$$

La formula si stabilisce dapprima nel caso delle algebre irriducibili (k=1); segue poi facilmente il caso generale.

La dimostrazione consiste dapprima nel ridursi ad un ciclo Γ_1^* entro una ipersfera Σ_{2n} di centro ξ, convenientemente piccola. Ciò è possibile sfruttando la condizione II) e il teorema integrale (4). Si considera poi una circonferenza γ_1 di centro ξ e raggio abbastanza piccolo, situata sul piano modulo, cioè sul piano immagine reale della retta complessa che unisce l'origine col punto ove si rappresenta il modulo dell'algebra complessa d'ordine n. La valutazione dell'integrale (7) esteso a γ_1 è immediata, in quanto il piano modulo è in sostanza un ordinario piano complesso. Per passare da Γ_1^* a γ_1 si può procedere in questo modo. Sfruttando il teorema di dualità di ALEXANDER, si dimostra che una base topologica per i cicli Γ_1^* di $\Sigma_{2n} - \omega_{2n-2}(\xi)$ è costituita precisamente da γ_1. Pertanto risulta $\Gamma_1^* \sim N\gamma_1$ in $\Sigma_{2n} - \omega_{2n-2}(\xi)$ N avendo significato di indice di allacciamento di Γ_1^* (e quindi di Γ_1) con $\omega_{2n-2}(\xi)$. L'integrale esteso a Γ_1 può quindi sostituirsi con N volte l'integrale esteso a γ_1.

Dalla formula integrale (7) scendono numerosi risultati: il teorema del massimo modulo, l'infinita derivabilità delle funzioni monogene, gli analoghi degli sviluppi in serie di TAYLOR e di LAURENT e del teorema di

LIOUVILLE. Determinato il campo di convergenza delle serie di potenze nelle algebre dette, si sviluppa la teoria del prolungamento analitico e si precisa la struttura delle funzioni monogene. E' stato anche iniziato lo studio delle singolarità delle funzioni monodrome e sono state ottenute le estensioni del teorema dei residui e del teorema dell'indicatore logaritmico.

In conclusione la teoria delle funzioni monogene nelle algebre complesse dotate di modulo e commutative è ormai sviluppata nelle sue linee fondamentali.

A questa teoria hanno dato contributi: SCHEFFERS, SPAMPINATO, SOBRERO, SCORZA-DRAGONI, MORIN, RIZZA ed altri. Per maggiori notizie sull'argomento, per la bibliografia e per lo sviluppo storico della teoria rimando i miei lavori sui Rendiconti di Roma del 1952 e 1953.

(Giovanni Battista Rizza)

.oooooooooo.

M A R C O   C U G I A N I

C E N N I   S U L L A
T E O R I A   D E L L E   D I S T R I B U Z I O N I

15

M. Cugiani

INDICE

CENNI SULLA TEORIA DELLE DISTRIBUZIONI

Avvertenza - Le nostre considerazioni saranno riferite, per brevità, solo al caso di funzioni reali di una sola variabile reale. La teoria si può sviluppare, più in generale per le funzioni complesse di quante si vogliono variabili reali.

1. Misure - Una misura (che indicheremo genericamente colla lettera μ) è una "funzione completamente additiva d'insieme"; ad ogni insieme boreliano limitato A dell'asse reale, essa fa corrispondere un numero ~~reale~~ $\mu(A)$, in modo che, se:

$$A = \bigcup_i A_i \qquad \text{(gli } A_i \text{ a due a due senza punti comuni)}$$

si abbia $\mu(A) = \sum_i \mu(A_i)$, essendo gli A_i in numero finito o in una infinità numerabile, e risultando, in quest'ultimo caso, la serie a secondo membro assolutamente convergente.

Se ora $\varphi(x)$ è una funzione continua su tutto l'asse e nulla all'infuori di un insieme compatto, risulterà definito il numero reale I, dato dall'integrale di Stieltjes:

$$I = \int_{-\infty}^{+\infty} \varphi(x)\, d\mu$$

Chiamiamo ($\mathcal{C}$) l'insieme di tutte le funzioni φ continue su tutto l'asse e nulle all'infuori di un insieme compatto; ponendo allora $\mu(\varphi) = I$ verremo a definire per tutte le $\varphi \in (\mathcal{C})$ un funzionale $\mu(\varphi)$ coordinato alla misura μ.

Il funzionale $\mu(\varphi)$ gode delle seguenti proprietà:

a) è lineare, cioè sono soddisfatte per esso le relazioni:

$$\mu(\varphi_1 + \varphi_2) = \mu(\varphi_1) + \mu(\varphi_2)$$

$$\mu(k\varphi) = k\mu(\varphi);$$

b) è continuo nel significato particolare seguente: sia $\{\varphi_i\}$ una successione di funzioni continue su tutto l'asse e nulle all'infuori di un compatto fisso, se le φ_i convergono uniformemente verso una $\varphi \in (\mathcal{C})$ diremo che $\varphi_i \to \varphi$; orbene l'annunziata continuità si traduce nel fatto che risulterà sempre:

$$\mu(\varphi_i) \to \mu(\varphi) \quad \text{per} \quad \varphi_i \to \varphi$$

Possiamo considerare $(\mathcal{C})$ come uno spazio vettoriale. Senza addentrarci in discussioni, che esorbiterebbero dallo scopo che qui ci proponiamo, circa la possibilità di munire lo spazio $(\mathcal{C})$ di una vera topologia, ci accontenteremo di osservare che la definizione di convergenza, introdotta poc'anzi per una successione $\{\varphi_i\}$, introduce in $(\mathcal{C})$ una, diremo, pseudo-topologia, la quale risulterà sufficiente per le considerazioni che seguiranno.

Le μ ci appaiono dunque come forme lineari continue su $(\mathcal{C})$, mentre sappiamo, per un noto teorema di Riesz, che ad ogni forma lineare continua $L(\varphi)$ su $(\mathcal{C})$ si può associare una misura μ, in modo che risulti $L(\varphi) = \mu(\varphi)$.

Possiamo dunque identificare le misure μ colle forme lineari continue su $(\mathcal{C})$.

Le μ formeranno uno spazio vettoriale, che diremo lo spazio $(\mathcal{C}')$, duale dello spazio $(\mathcal{C})$.

2. Misure e funzioni - Se una misura μ è assolutamente continua essa ammette una "funzione densità" $f(x)$, definita quasi dappertutto sull'asse reale e sommabile su ogni compatto, tale che, per ogni insieme boreliano A, limitato, risulti:

$$\mu(A) = \int_A f(x)\,dx$$

e per ogni $\varphi \in (\mathcal{C})$:

$$\mu(\varphi) = \int_{-\infty}^{+\infty} f(x)\,\varphi(x)\,d\,x.$$

D'altra parte ad ogni funzione f(x), definita quasi dappertutto e sommabile su ogni compatto si può far corrispondere una misura μ, di densità f(x), definita dalla relazione: $\mu(\varphi) = \int_{-\infty}^{+\infty} f.\,\varphi\, dx$. La corrispondenza è biunivoca tra la classe delle misure assolutamente continue e la classe delle funzioni sommabili su ogni compatto, ove naturalmente si considerino come coincidenti, due funzioni che differiscono solo nei punti di un insieme di misura nulla.

Noi ci sentiamo allora autorizzati ad identificare senz'altro ogni misura assolutamente continua colla corrispondente funzione densità e scriveremo perciò $\mu = f$, e rappresenteremo indifferentemente col simbolo $\mu(\varphi)$ oppure con $f(\varphi)$ la forma lineare continua da esse determinata.

In particolare una funzione continua f(x) può essere riguardata sotto un duplice aspetto:

a) poichè è certamente sommabile su ogni compatto essa è <u>sempre</u> identificabile con una misura μ, assolutamente continua, e quindi rappresenta un elemento dello spazio $(\mathcal{C}')$;

b) <u>se</u>, oltre ad essere continua, <u>essa è nulla all'infuori di un compatto</u> rappresenta un elemento φ dello spazio $(\mathcal{C})$.

Non tutte le misure però ammettono una funzione densità e quindi non tutte si possono identificare con funzioni. Un esempio di misura non riducibile ad una funzione ci è offerto dalla cosiddetta "funzione" δ di **Dirac**. E' noto che la proprietà caratteristica della δ è espressa dalla formula impropria, largamente usata in fisica:

$$\mu(k\varphi) = k\mu(\varphi) ;$$

b) è continuo nel significato particolare seguente: sia $\{\varphi_i\}$ una successione di funzioni continue su tutto l'asse e <u>nulle all'infuori di un compatto fisso</u>, se le φ_i convergono uniformemente verso una $\varphi \in (\mathcal{C})$ diremo che $\varphi_i \to \varphi$; orbene l'annunziata continuità si traduce nel fatto che risulterà sempre:

$$\mu(\varphi_i) \to \mu(\varphi) \qquad \text{per} \quad \varphi_i \to \varphi$$

Possiamo considerare $(\mathcal{C})$ come uno spazio vettoriale. Senza addentrarci in discussioni, che esorbiterebbero dallo scopo che qui ci proponiamo, circa la possibilità di munire lo spazio $(\mathcal{C})$ di una vera topologia, ci accontenteremo di osservare che la definizione di convergenza, introdotta poc'anzi per una successione $\{\varphi_i\}$, introduce in $(\mathcal{C})$ una, diremo, <u>pseudo-topologia</u>, la quale risulterà sufficiente per le considerazioni che seguiranno.

Le μ ci appaiono dunque come forme lineari continue su $(\mathcal{C})$, mentre sappiamo, per un noto teorema di Riesz, che ad ogni forma lineare continua $L(\varphi)$ su $(\mathcal{C})$ si può associare una misura μ , in modo che risulti $L(\varphi) = \mu(\varphi)$.

Possiamo dunque identificare le misure μ colle forme lineari continue su $(\mathcal{C})$.

Le μ formeranno uno spazio vettoriale, che diremo lo spazio $(\mathcal{C}')$, duale dello spazio $(\mathcal{C})$.

2. <u>Misure e funzioni</u> - Se una misura μ è assolutamente continua essa ammette una "funzione densità" $f(x)$, definita quasi dappertutto sull'asse reale e sommabile su ogni compatto, tale che, per ogni insieme boreliano A, limitato, risulti:

$$\mu(A) = \int_A f(x)\,dx$$

$$T_\varepsilon(\varphi) = \frac{1}{\varepsilon}\varphi(\varepsilon) - \frac{1}{\varepsilon}\varphi(0) = \frac{\varphi(\varepsilon) - \varphi(0)}{\varepsilon}$$

Il passaggio al limite per $\varepsilon \to 0$ è sempre possibile se la φ è derivabile nell'origine.

Il $\lim_{\varepsilon \to 0} T_\varepsilon$ è dato infatti da una forma T tale che:

$$T(\varphi) = \varphi'(0).$$

Ricordiamo che la T, cui siamo così pervenuti è comunemente designata come un "doppietto" di momento +1.

Osserviamo che la T è definita solo su quel sottospazio di ($\mathcal{C}$) costitutto dalle funzioni φ derivabili nell'origine, inoltre essa non è continua secondo la pseudo-topologia di ($\mathcal{C}$); infatti se una successione di φ_i (pur derivabili nell'origine) converge a zero (verso la funzione identicamente nulla) secondo tale pseudo-topologia , può darsi tuttavia che le derivate $\varphi_i'(0)$ non tendano affatto a zero.

Ci converrà dunque, per poter considerare funzionali, più generali delle misure, operare su sottospazi, opportunamente specializzati, di ($\mathcal{C}$), e munirli di pseudo-topologie più forti di quella indotta in essi dallo spazio ($\mathcal{C}$).

Lo spazio più specializzato su cui ci porremo generalmente sarà lo spazio ($\mathcal{D}$) delle funzioni nulle all'infuori di un compatto, continue e indefinitamente derivabili su tutto l'asse.

Un esempio di funzioni cosiffatte è offerto dalla $\varphi(x)$ così definita:

$$\varphi(x) = 0 \qquad \text{per} \quad |x| \geqslant 1$$

$$\varphi(x) = \exp.\left(\frac{-1}{1-x^2}\right) \qquad \text{per} \quad |x| < 1.$$

In tale spazio istituiremo un concetto di convergenza nel modo seguente:
data una successione di funzioni $\varphi_i \in (\mathcal{D})$, <u>nulle all'infuori di un compatto fisso</u>, noi diremo che $\varphi_i \to \varphi$ in $(\mathcal{D})$ se le φ_i convergono uniformemente verso una $\varphi \in (\mathcal{D})$, mentre le derivate n-esime $\varphi_i^{(n)}$ convergono uniformemente verso la corrispondente $\varphi^{(n)}$, l'uniforme convergenza essendo richiesta singolarmente per ogni successione $\varphi_i^{(n)}$ e non globalmente per tutte le derivate.

Una distribuzione T sarà allora da noi definita nel modo più generale come una forma lineare continua su $(\mathcal{D})$; tale cioè per cui si abbia:

a) $T(\varphi)$ definita per ogni $\varphi \in (\mathcal{D})$

b) $T(\varphi_1 + \varphi_2) = T(\varphi_1) + T(\varphi_2)$ ed inoltre
$T(k\varphi) = k\,T(\varphi)$

c) Per $\varphi_i \to \varphi$, nel senso sopra precisato:

$$T(\varphi_i) \longrightarrow T(\varphi)$$

Lo spazio delle distribuzioni T sarà indicato con $(\mathcal{D}')$ duale dello spazio $(\mathcal{D})$.

Qualche volta capiterà di considerare degli spazi meno particolari, degli spazi intermedi fra lo spazio $(\mathcal{E})$ e lo spazio $(\mathcal{D})$.

Chiameremo $(\mathcal{D}^m)$, per m intero ≥ 0, lo spazio costituito dalle funzioni nulle all'infuori di un compatto, continue ed m volte derivabili su tutto l'asse (la derivata m-esima dovrà risultare continua). La convergenza, per una successione di $\varphi_i \in (\mathcal{D}^m)$, sarà definita in modo analogo a quello già detto per lo spazio $(\mathcal{D})$, limitatamente, com'è ovvio alle derivate di ordine $\leq$ m.

Ogni forma lineare continua su ($\mathcal{D}^m$) si dirà una distribuzione di ordine $\leq$ m. Lo spazio delle distribuzioni di ordine $\leq$ m sarà indicato con ($\mathcal{D}'^m$).

Lo spazio ($\mathcal{C}$) si può considerare come uno spazio ($\mathcal{D}^m$) con m = 0, e le misure si possono riguardare come distribuzioni di ordine zero. La distribuzione "doppietto" appartiene invece allo spazio ($\mathcal{D}^1$), e non allo spazio ($\mathcal{C}$). Potremo chiamarla una distribuzione di ordine 1.

E' ovvio che quanto più sono specializzate le funzioni (cioè quanto più grande è m) tanto è più ristretto il corrispondente spazio ($\mathcal{D}^m$) e tanto più ampio è invece lo spazio duale ($\mathcal{D}'^m$) delle distribuzioni su esso definite.

Il concetto di distribuzione ci si presenta quindi come una ulteriore generalizzazione del concetto di funzione (o meglio di funzione sommabile su ogni compatto).

4. Derivate e Primitive di una Distribuzione - Dal momento che le distribuzioni si possono pensare come funzioni generalizzate sembra opportuno di estendere ad esse il processo di derivazione rispetto alla variabile indipendente x, e di definire la derivazione generalizzata in modo tale che, nel caso particolare di una distribuzione - funzione f (x), dotata di derivata continua, la derivata nel nuovo senso coincida con quella ordinaria.

Ora nel caso T = f(x) avremo (per ogni $\varphi \in (\mathcal{D})$):

$$T'(\varphi) = f'(\varphi) = \int_{-\infty}^{+\infty} f'(x)\varphi(x)\,dx = \Big[f\varphi\Big]_{-\infty}^{+\infty} - \int_{-\infty}^{+\infty} f\varphi'\,dx =$$

$$= 0 - f(\varphi') = f(-\varphi') = T(-\varphi').$$

Siamo dunque indotti a porre in generale, come definizione della derivata T' di una qualunque T $\in$ ($\mathcal{D}$):

$$T'(\varphi) = T(-\varphi'),$$

relazione che ha un senso in ogni caso e si può tradurre

dicendo:

la distribuzione derivata è quella che, applicata ad una qualunque $\varphi \in (\mathcal{D})$, fornisce lo stesso risultato che la distribuzione primitiva applicata alla funzione $-\varphi'$

Il processo si può iterare e si ha in generale:

$$T^{(n)}(\varphi) = (-1)^n \; T(\varphi^{(n)});$$

se ne deduce in particolare che ogni distribuzione è indefinitamente derivabile.

Consideriamo ad esempio la funzione H (x) di Heaviside, così definita:

$$\begin{cases} H(x) = 0, \quad \text{per } x < 0 \; ; \; H(x) = 1, \text{ per } x > 0 \\ H(x) \text{ indeterminata per } x = 0. \end{cases}$$

Essendo la H sommabile su ogni compatto la si può riguardare come una misura, e si ha:

$$H(\varphi) = \int_0^{+\infty} \varphi(x)\, dx.$$

La derivata H' è data da:

$$H'(\varphi) = H(-\varphi') = \int_0^{+\infty} (-\varphi')\, dx = -\left[\varphi\right]_0^{+\infty} =$$
$$= \varphi(0) = \delta(\varphi), \quad \text{e quindi} \quad H' = \delta \; .$$

La derivata della funzione di Heaviside è quindi la misura δ di Dirac.

Avremo poi:

$$H''(\varphi) = \delta'(\varphi) = \delta(-\varphi') = -\varphi'(0),$$

cioè la derivata seconda della H è un doppietto di momento -1 nell'origine.

In generale avremo:

$$H^{(n)}(\varphi) = (-1)^{n-1} \cdot \varphi^{(n-1)}(0)$$

Possiamo ora considerare il problema inverso di ricercare le (eventuali) primitive di una distribuzione assegna ta T.

Se V è una di tali primitive, dovrà essere V' = T ossia per ogni $\psi \in (\mathcal{D})$, avendo posto $\psi' = \chi$:

$$V(\chi) = -V'(\psi) = T(-\psi).$$

Osserviamo adesso che non tutte le $\varphi \in (\mathcal{D})$ sono funzioni χ, derivate di una funzione ψ dello stesso spazio $(\mathcal{D})$. Perchè questo accada bisogna che la $\chi \in (\mathcal{D})$ soddisfi inoltre alla condizione lineare:

$$\int_{-\infty}^{+\infty} \chi(x)\, dx = 0,$$

altrimenti, potendosi porre:

$$\psi = \int_{-\infty}^{x} \chi(x)\, dx$$

non risulterebbe la ψ nulla all'infuori di un compatto.

La relazione $V(\chi) = -T(\psi)$ definisce dunque la V sul sottospazio iperpiano $(\mathcal{H}) \subset (\mathcal{D})$, a cui appartengono le χ a integrale nullo.

Per poter prolungare la V su tutto $(\mathcal{D})$ dovremo fissare arbitrariamente il suo valore su un punto φ_0 dello spazio $(\mathcal{D})$, non appartenente ad $(\mathcal{H})$.

Fissata perciò una funzione $\varphi_0 \notin (\mathcal{H})$, per la quale, ad es., si abbia:

$$\int_{-\infty}^{+\infty} \varphi_0(x)\, dx = 1$$

poniamo $V(\varphi_0) = K$.

Scelta ora una qualunque funzione $\varphi \in (\mathcal{D})$, e posto:

$$\lambda = \int_{-\infty}^{+\infty} \varphi\, dx$$

operiamo la scomposizione: $\varphi = \lambda \varphi_0 + \chi$.

Risulterà esattamente $\chi \in (\mathcal{H})$, infatti:

$$\int_{-\infty}^{+\infty}(\varphi-\lambda\varphi_0)dx = \lambda - \lambda\int_{-\infty}^{+\infty}\varphi_0 dx = \lambda-\lambda = 0$$

ed avremo: $V(\varphi) = V(\lambda\varphi_0) + V(\chi) =$
$= \lambda k - T(\psi)$ $\qquad (\psi = \int_{-\infty}^{x}\chi(x)\,dx)$.

E' ovvio che la V così definita è effettivamente una primitiva della T posto che, come si dimostra facilmente è lineare e continua su ($\mathcal{D}$); osserviamo poi che per due diverse scelte del valore $V(\varphi_0)$, diciamo k_1 e k_2, saremmo giunti a due diverse distribuzioni V_1 e V_2, tali che:

$$(V_1-V_2)\varphi = \lambda k_1 - \lambda k_2 = \lambda C = \int_{-\infty}^{+\infty} C\varphi\, dx = C(\varphi)$$

dove C è, nell'ultimo membro, simbolo della distribuzione definita dalla funzione costante $C = k_1 - k_2$. Si deduce: $V_1 - V_2 = C$, vale a dire che la differenza fra due primitive della T si riduce sempre a una costante, come nella ordinaria teoria.

5. <u>Cambiamento di Variabili</u> - A rendere meno incompleto questo fugace schizzo della teoria, accenneremo al problema del cambiamento di variabili per una distribuzione.

Questo problema si riconnette coll'uso, largamente praticato in fisica, di formule improprie, del tipo:

$$(A)\quad \begin{cases} \int_{-\infty}^{+\infty}\varphi(x)\cdot\delta(x-x_0)dx = \varphi(x_0)\ ; \\ \delta(\alpha x) = \frac{1}{\alpha}\,\delta(x)\ , \quad \alpha>0\ ; \\ \delta(x^2-\alpha^2) = \frac{1}{2\alpha}\left(\delta(x-\alpha)+\delta(x+\alpha)\right),\ \alpha>0. \end{cases}$$

La prima di queste formule si potrebbe anche giustificare semplicemente coll'uso, già da noi segnalato, della misura $\delta_{(x_0)}$, massa +1 nel punto x_0, considerando la formula anzidetta come sostituibile colla seguente:

$$\int_{-\infty}^{+\infty}\varphi(x)\,d\delta_{(x_0)} = \varphi(x_0)\ ;$$

ma per le altre due il ricorso ad un meccanismo di cambiamento di variabili sembrerebbe indispensabile; comunque ci sembra che, introdotto un tale meccanismo, si possano in esso inquadrare gran numero di formule del tipo suddetto.

Sia assegnata una distribuzione T, che per maggior chiarezza indicheremo ora con T_x, e sia fissata una funzione $u = h(x)$; ci possiamo chiedere se sia possibile attribuire un significato, ed eventualmente quale, al simbolo:

$$T_u \left\{ \varphi(x) \right\}$$

ove con T_u indicheremo il risultato della sostituzione della u in luogo della x, che penseremo operato sulla T_x originaria.

Naturalmente il significato della T_u dovrà essere tale che se la T_x si riduce ad una funzione f(x), la definizione data conduca ai medesimi risultati cui conduce la sostituzione operata sulla f(x) nel modo ordinario. Avendosi per una $T_x = f(x)$ e per ogni $\varphi \in (\mathcal{D})$:

$$T_x(\varphi) = \int_{-\infty}^{+\infty} f(x) \cdot \varphi(x)\, dx$$

potremo porre:

$$T_u(\varphi) = \int_{-\infty}^{+\infty} f(u) \cdot \varphi(x)\, dx$$

e se la $u = h(x)$ è invertibile su tutto l'asse x in una $x = g(u)$, con derivata continua su tutto l'asse u, avremo:

$$T_u(\varphi) = \int_{-\infty}^{+\infty} f(u)\, \varphi(g(u)) \cdot |g'(u)| \cdot du \quad ;$$

infatti per la supposta invertibilità sarà sempre:

$$g'(u) \geqslant 0 \qquad \text{oppure} \qquad g'(u) \leq 0$$

e quindi

$$\lim_{x \to \pm\infty} u = \pm \infty \qquad \text{oppure} \lim_{x \to \pm\infty} u = \mp \infty$$

Per una misura T_x potremo quindi porre in generale

$$T(\varphi(x)) = T_u(\phi(u))$$

con $\phi(u) = \varphi(g(u)) \cdot |g'(u)|$, e questa stessa formula varrà per una distribuzione qualunque se in più supporremo la $g(u)$ indefinitamente differenziabile.

Questo primo risultato ci porta intanto a stabilire formule come queste:

a) per $u = x - x_0$, $x = u + x_0$, $x'(u) = 1$

$$\delta_{x-x_0}(\varphi) = \delta_u(\varphi(u+x_0) \cdot 1) = \varphi(x_0)$$

che può considerarsi l'equivalente della prima dello (A); avremo cioè $\delta_{x-x_0} = \delta(x_0)$;

b) per $u = \alpha x$ $(\alpha \neq 0)$; $x = \frac{u}{\alpha}$; $x' = \frac{1}{\alpha}$

$$\delta_{\alpha x}(\varphi) = \delta_u \left\{ \varphi\left(\frac{u}{\alpha}\right) \cdot \frac{1}{|\alpha|} \right\} = \frac{1}{|\alpha|} \cdot \varphi(0) = \frac{1}{|\alpha|} \delta_x(\varphi(x)),$$

e quindi $\delta_{\alpha x} = \frac{1}{|\alpha|} \delta_x$, equivalente alla seconda delle (A), e valida anzi anche per $\alpha < 0$.

Più difficile appare il problema nel caso che si tenti di operare una sostituzione del tipo $u = h(x) = x^2 - a^2$, poichè ora la $h(x)$ non soddisfa più alle condizioni precedentemente ammesse.

Nel caso di una T_x coincidente con una $f(x)$ limitata saremo condotti a scrivere:

$$T_u\{\varphi(x)\} = \int_{-\infty}^{+\infty} f(u)\varphi(x)\,dx =$$

$$= \int_{+\infty}^{-a^2} \varphi(-\sqrt{u+a^2}) \cdot \frac{-f(u)}{2\sqrt{u+a^2}}\,du + \int_{-a^2}^{+\infty} \frac{\varphi(\sqrt{u+a^2}) \cdot f(u)}{2\sqrt{u+a^2}}\,du =$$

$$= \int_{-a^2}^{+\infty} f(u) \cdot \frac{\varphi(\sqrt{u+a^2}) + \varphi(-\sqrt{u+a^2})}{2\sqrt{u+a^2}}\,du\,;$$

gli integrali sono convergenti per l'ipotesi f(x) limitata. Introduciamo allora una funzione $\Psi(u)$ così definita:

$$\Psi(u) = 0 \ , \ \text{per} \quad u < -a^2 \ ;$$

$$\Psi(u) = \varphi\left(\sqrt{u+a^2}\right) + \varphi\left(-\sqrt{u+a^2}\right) \quad , \ \text{per} \quad u \geq -a^2$$

e posto inoltre:

$$\Phi(u) = \Psi(u) / 2\sqrt{u+a^2} \ ,$$

avremo (nel caso di una $T_x = f(x)$ limitata):

$$\text{(B)} \qquad T_u \left\{ \varphi(x) \right\} = T \left\{ \Phi(u) \right\} .$$

Se è lecito applicare la (B) alla misura δ_x potremo scrivere (per a > 0):

$$\delta_{x^2-a^2}\left\{\varphi(x)\right\} = \delta_u\left\{\Phi(u)\right\} = \frac{\varphi(a)+\varphi(-a)}{2a} =$$

$$= \frac{1}{2a}\left\{\delta_{x-a}(\varphi(x)) + \delta_{x+a}(\varphi(x))\right\} ,$$

$$\delta_{x^2-a^2} = \frac{1}{2a}\left\{\delta_{x-a} + \delta_{x+a}\right\} ,$$

che potrebbe essere l'equivalente della terza delle (A).

E' chiaro però che l'estensione della (B) ad una distribuzione qualunque non può essere fatta così semplicemente. La $\Phi(u)$ infatti non apparterrà allo spazio ($\mathcal{D}$), anzi non sarà in generale nemmeno continua, di modo che il secondo membro della (B) risulterà di solito privo di senso.

Si dovrà allora limitarsi a considerare delle T particolari (p.e. delle misure), ed imporre condizioni supplementari alle φ (p. e. di annullarsi nell'origine, con che le corrispondenti $\Phi(u)$ risultano continue).

Così la $T_u\left\{\varphi(x)\right\}$ risulterà definita su un sottospazio di ($\mathcal{D}$) (precisamente, nel caso accennato, sull'iperpiano delle φ tali che $\varphi(0) = 0$). Si dovrà allora, per poter prolungare la T_u su tutto ($\mathcal{D}$), fissar no arbitrariamente il valore in un punto φ_0, non appartenente a tale sottospazio, e la T_u risulterà così in generale definita a meno di un termine indeterminato, analogo a quello che si presenta nel problema della ricerca della primitiva (nel solito caso suaccennato il termine indeterminato sarà $C\delta$, corrispondente ad una massa arbitraria nell'origine).

Non riteniamo opportuno in questa sede di spingere l'esame della questione più in là di questo cenno fugace, preferendo rinviare per ulteriori particolari alle note citate alla fine.

Bibliografia

Queste sommarie notizie sono state dedotte sopratutto dal libro: L. SCHWARTZ - "Théorie des Distributions" - Hermann, Paris (1950-51);

ed in parte dalle due note di S. ALBERTONI ed M. CUGIANI: "Nuovo Cimento" 8(1951), 874-888 e 10(1953), 157-173.